上海大学出版社

2005年上海大学博士学位论文 60

EMBr对CSP结晶器内冶金过程和铸坯质量的影响

● 作 者: 刘 光 穆

● 专 业: 钢 铁 冶 金

● 导 师: 邓 康 任 忠 鸣

Shanghai University Doctoral
Dissertation (2005)

Influences of EMBr on Metallurgical Behavior and Slab Quality in CSP Processes

Candidate: Liu Guangmu
Major: Ferro-Metallurgy
Supervisor: Deng Kang Ren Zhongming

Shanghai University Press
· Shanghai ·

摘　要

本研究以目前世界上最先进的第二代CSP连铸技术为研究对象,通过水力学模拟来分析无电磁制动时结晶器内钢水流动的流场,通过数值模拟和现场试验来研究电磁制动对结晶器内冶金过程及铸坯质量的影响,优化电磁制动工艺参数,达到提高铸坯质量的目的,为进一步提高CSP铸坯质量提供理论基础。

水力学模拟表明:结晶器内钢水的冲击深度可达800～1 000 mm,形成大范围的回流和涡流,使进入结晶器的夹杂物颗粒难以上浮。即使采用相同规格的水口,不同断面钢液的流态也有很大区别。为减少结晶器内钢液的不稳定和旋涡、回流等卷渣行为,改善其冶金过程,除优化浸入式水口结构外,还必须采用电磁制动等手段来达到进一步改善铸坯质量的目的。

围绕电磁制动数值模拟,本文首先利用动量原理,将钢水在结晶器壁面或铸坯凝固初凝壳前沿的动量转换为对固体界面的冲量,进而推出钢水对结晶器内壁或铸坯初凝壳冲击作用的半定量分析方法和模型:$F_x/S=\rho V_x^2-\sigma V_x B_y^2\cdot\Delta x$。其次,通过有、无电磁制动条件下,结晶器中钢水流场之间的速度差和湍动能差给出电磁制动使钢水减速和湍动能降低的幅度和区域,以此来评判电磁制动的效果。再者,对于钢水对结晶器内壁和铸坯初凝壳的冲刷作用,本文直接采用牛顿流体的内摩

擦剪力模型 $\tau=\mu\frac{\Delta V_z}{\Delta x}$，作为半定量方法来分析固体壁面所承受钢水冲刷的位置和相对强度。

针对钢水液面波动导致钢水表面卷渣问题，本文研究证明，液面的水平流速过大并偏流，导致在水口两侧产生的绕流涡流是卷渣的直接原因，而电磁制动可有效防止这种随机的表面涡流。

本文对4.5 m/min拉速、1 500 mm×70 mm断面的CSP连铸数值模拟表明，电磁制动使钢水注流的冲击深度减小45%，并在液面以下500～700 mm发展为稳定的一维层流，有利于提高铸坯拉速、防止拉漏和纵裂；钢水液面的水平流速明显降低且无偏流，使水口两侧无涡流卷渣；钢水在结晶器窄边的回流流量比无电磁制动时增加4.4%，有利于夹杂物上浮和表面化渣；使钢水注流对结晶器窄边（最大）冲击位置上升40%，上升流的冲刷强度下降了86%，下降流的冲刷强度下降了10%，这利于避免发生铸坯初凝壳被钢水热流重熔等现象，从而减少铸坯横裂等凝固缺陷。

在湖南华菱涟钢生产现场，对同一炉钢、同样拉速（4.5 m/min）下，使用与关闭EMBr的坯段，分别取样作对比分析来验证电磁制动对结晶器内冶金过程和铸坯质量的影响。结果显示：与未采用EMBr相比，铸坯中显微夹杂总量降低了6.9%，其中铸坯中心区域夹杂数量降低了15.6%；对大型夹杂物来说，电磁制动使200～300 μm夹杂降低了15.9%，300～400 μm夹杂降低了30.2%，大于400 μm的夹杂降低了39.1%。电磁制动使弯月面钢水温度平均上升5.8 ℃，使弯

月面波动的幅度平均下降了 16%。现场工业试验证明,本文数值模拟正确地预测了生产中的工艺问题和操作结果,与实际使用效果有很好的一致性。采用本文研究的电磁制动参数和关键工艺,在试生产和正常生产中都取得热轧板优等品率等质量指标提高,边裂等铸造缺陷率下降,漏钢率降低,铸坯表面质量改善的效果,推动了 CSP 连铸电磁制动技术和工艺的开发、优化及自主创新。

最后,本文对 1 500 mm×70 mm 断面、在 5.5 m/min 高拉速条件下的 CSP 连铸电磁制动工艺进行了技术基础研究。按照制动电流 0 A, 220 A, 250 A, 280 A 和 300 A 五种情况进行了数值模拟。结果表明,在 5.5 m/min 高拉速条件下,未经电磁制动的钢水在结晶器中的冲击深度超过 1 m,水口下方形成了强烈的回流和涡流区域;对结晶器的最大冲击强度达到 85 N/m^2,其作用点为液面下 0.55 m 处,冲击区域的宽度约 0.35 m;同时液面流场呈偏流,在浸入式水口两侧有明显涡流。而在施加 220～300 A 制动电流时,钢水注流的冲击深度低于 0.5 m,对结晶器的最大冲击点在液面下 0.3 m 位置,当制动电流 300 A 时,钢水冲击区域的宽度为 0.2 m。同时,水口下方的涡流及回流的范围降低,液面偏流基本消除,钢水自结晶器窄面至中心的流场相对均匀。与无电磁制动的情况相比,此时钢水减速和湍动能降低幅度最大的区域在注流末端,表现为钢水涡流强度下降,对结晶器窄面内壁或铸坯初凝壳无直接冲击。在本文模拟的电磁制动条件下,钢水在结晶器内 0.3 m 深度处已基本无上升流,在 0.6 m 深度处流速分别已基本平均,呈现为稳定的一维层流。就上述电磁制动效果而言,电流 300 A 比

200 A 的制动效果更明显，因此，在高拉速下，宜采用 300 A 以上的电流进行电磁制动。

关键词　CSP 连铸，电磁制动，水力学模拟，数值模拟，铸坯质量

Abstract

In this study, the effect of EMBr on steel flow behavior and interaction with mold slag were investigated for the worldwide advanced second generation CSP caster at Lianyuan Steel. The steel flow pattern without EMBr was analyzed by means of water model simulation. Numerical simulation was conducted to understand and optimize the metallurgical factors of EMBr on slab quality and productivity.

The results of water model simulation on submerged entry nozzle (SEN) and mold indicated that the steel flow pattern was quite different for wide and narrow mold sizes with the same SEN. The penetration depth reached up to 800～1 000 mm. Flow turbulence and back-flow at large area were formed so that the inclusions in liquid steel is difficult to float up, and that obvious level fluctuation resulted in slag entrapment. Therefore, with regard to different slab sizes, the design of submerged entry nozzle should be optimized to reduce steel flow turbulence and slag entrapment etc. In addition, EMBr is a necessary measure to improve slab quality.

With regard to numerical simulation, both semi-quantitative methods ($F_x/S = \rho V_x^2 - \sigma V_x B_y^2 \cdot \Delta x$ and $\tau = \mu \frac{\Delta V_z}{\Delta x}$) were presented to analyze the impact of steel flow on

the inner wall and initial solidified shell and to describe the effect of EMBr with the subtraction of casting speed and turbulent kinetic energy. The results of numerical simulation indicated that over-high speed of horizontal steel flow and bias-flow resulted in turbulence flow around SEN and consequently entrapment of slag occurred. EMBr can effectively prevent from random turbulence flow on the surface.

Numerical simulation was performed for the slab size 1 500×70 mm at the casting speed of 4.5 m/min to analyze the steel flow behavior with EMBr. The results showed that the penetration of steel flow into the mold was reduced by 45% compared with that without EMBr and that the steel flow was developed into a one-dimensional stable laminar flow below 500～700 mm, which is facilitated to increase casting speed and prevent from breakout and longitudinal cracking. Steel flow velocity on horizontal direction was remarkably reduced on the steel surface and no abnormal steel flow was formed so that no slag entrapment occurred around SEN. Additionally, the flowrate of back-flow increased at the narrow face, by 4.4% compared with that no EMBr, to promote inclusions to float up and mold fluxes to melt. The numerical simulation of steel flow in the mold with EMBr demonstrated that impact point goes up by 40% at narrow face and that impact intensity of up-flow and down-flow decreased by 86% and 10%, respectively, which is beneficial to avoid the re-melting of the solidified shell so that

solidification defect such as transverse crack can be reduced.

In order to check the effect of EMBr on the metallurgical process and slab quality, industrial test was conducted at Lianyuan Steel under the constant condition, that is, the test was performed for the same steel grade at 4.5 m/min casting speed in one casting sequence. The results pointed out that (1) total number of inclusions in slab was decreased by 6.9%, among which the amount of inclusions at the slab center was decreased by 15.6%; (2) the amount of large inclusions ranging 200～300 μm, 300～400 μm and larger than 400 μm was reduced by 15.9%, 30.2% and 39.1%, respectively; (3) the temperature at meniscus was increased by 5.8 ℃; and (4) mold level flucuation was reduced by 16.0% on an average. The production data also showed that breakout ratio was reduced, production became stable and smooth, the quality of slab and steel strip were enhanced, and quality indexes were improved.

Finally, the investigation on EMBr was conducted for the slab size 1 500 × 70 mm at the casting speed of 5.5 m/min. Numerical simulation was done with electric current being 0 A, 220 A, 250 A, 300 A respectively. The results indicated that better effect of EMBr can be realized with electric current being larger than 300A, under which slab quality can match that at the casting speed of 4.5 m/min.

Key words CSP, EMBr, water model, numerical simulation, slab quality

目 录

前　言

钢铁是国民经济的基础材料，其工艺流程对生产成本、产品质量、资源消耗、投资效益等经济技术指标有重要的影响。薄板坯连铸连轧由于其生产流程短、单位投资低、能耗低等特点备受钢铁界的青睐。但由于其铸坯厚度薄，为达到经济产量必须提高拉速，因此其拉速远远大于一般的板坯连铸机，同时薄板坯结晶器由于开口度小，从浸入式水口喷出的钢液流速很大，这样就使得结晶器内的钢液产生剧烈的湍流，液面波动相当剧烈，很容易产生卷渣等现象，而且使得射流流股对结晶器壁冲击剧烈，有使窄面凝固壳重溶的危险。同时流股的穿透深度也很大，使一些夹杂物来不及上浮就卷进正在凝固的凝壳中，这些对薄板坯的表面质量及内部质量均有很大的影响。由于在结晶器上加静态磁场可以改善结晶器内的流场，使钢液流速合理，冶金效果好，因而随着连铸拉速的增加及对薄板坯质量要求的提高，电磁制动技术得到了越来越多的应用。以CSP为代表的薄板坯连铸连轧技术经过十多年的发展和改进，通过采用EMBr等手段已由生产中低档次产品，发展到能生产电工钢、奥氏体不锈钢等高档次产品。

目前，薄板坯连铸连轧已逐步进入成熟期，工艺技术、设备配置的基本框架已经形成，装备的国产化、技术的创新、品种的扩大、产品质量的提高等日益受到重视。今后一段时间，该技术的发展和完善将主要是围绕优化工艺参数，改善在线检测和

控制能力，提高产品质量，开发高新品种等方面开展工作。本文围绕湖南华菱涟钢引进的CSP连铸连轧装备，通过钢水浇注的全尺寸水力学模拟和电磁制动下钢水流场的数值模拟，并配合部分关键数据的在线测试等工作，研究CSP连铸过程中电磁制动对结晶器内钢水流动、液面波动、涡流、卷渣等行为，以及夹杂物的去除效果和对铸坯质量的影响。在此基础上制定电磁制动工艺参数，实现生产稳顺，提高铸坯质量，并为进一步优化和改进高拉速下的电磁制动工艺提供理论依据与技术基础。

第一章 文献综述

1.1 薄板坯连铸连轧工艺的发展概况

薄板坯连铸连轧工艺包括西马克的 CSP 工艺、德马克的 ISP 工艺、达涅利的 FTSR 工艺和奥钢联的 CONROLL 工艺等[1]，到目前为止，国内外已建成和正在建设的薄板坯连铸连轧各类生产线已经超过 50 条[2-4]。至 2002 年止，全世界已建成的薄板坯连铸连轧生产线年生产能力达 3 900 万吨[5]。

CSP(Compact Strip Production)亦即紧凑式热带工艺是由施勒曼-西马克公司开发的一种薄板坯连铸连轧工艺，与传统板带生产相比，CSP 生产线具有流程短、投资少、生产成本低、能耗小等突出优点，具有很大的适应性和竞争力[6,7]。自 1986 年西马克公司与美国纽柯钢铁公司签订 CSP 薄板坯连铸连轧技术的工艺化合同，1989 年 7 月世界第一条生产热轧板卷的 CSP 生产线诞生以来[8]，其推广应用的速度很快，据统计 1999 年全世界 CSP 生产线占薄板坯连铸连轧生产线的 70%，占世界钢产总量的 5%，预计 2013 年将上升到 50%，而美国 CSP 热轧板在 2004 年就达到其国内钢产总量的 50%[9]。

1992 年我国在兰州钢厂建立了第一条薄板坯连铸连轧工艺试验线，薄板坯断面为 (50～70) mm×1 000 mm，采用漏斗形和平板形两种结晶器，经过了一系列连铸试验，效果良好，由于资金等方面的原因，连轧系统没有连上，虽有计划但没有形成连铸连轧作业线。

1998 年我国第一条薄板坯连铸连轧生产线在珠江钢铁公司投产，此后邯钢、鞍钢、包钢 3 条薄板生产线陆续投入生产并配套完善，

唐钢、马钢、涟钢、本钢也分别在近两年内建成投产。目前,我国已拥有7条薄板坯连铸连轧生线,其总产能超过1 000万t/a。珠钢、邯钢、包钢、马钢、涟钢5个企业采用的是CSP生产线。国内CSP生产线连轧机组为6机架或7机架。设计的最终产品最薄规格为:包钢1.2 mm[10],邯钢1.2 mm[11],珠钢1.0 mm[12],马钢0.8 mm[13],涟钢为0.8 mm[14],其中涟钢CSP生产线于2004年12月成功轧出0.78 mm厚度板。

自薄板坯连铸连轧生产线投产十几年来,薄板坯连铸工艺得到不断发展和改进,一些新的工艺和技术,如结晶器和浸入式水口的设计、电磁制动等得到开发和应用,它们已成为薄板坯连铸连轧生产的重要工艺技术。

1.2 薄板坯连铸工艺和技术的特点

1.2.1 薄板坯连铸的几项重要技术

1.2.1.1 CSP连铸机

CSP连铸机采用立弯式结构,其优点是完全凝固后进行弯曲,减少了弯曲点和弯曲半径。它可采用下装引锭的方式,铸机相对简化。这种铸机的不足是,漏斗结晶器的楔度大,坯壳在结晶器中的机械应变较大,产品范围相对较小,铸坯质量相对较差[15]。后来设计和制造的CSP连铸机对其技术参数进行了优化(见表1-1和表1-2)。CSP连铸的关键组成部分是漏斗形结晶器和形状与之相配的浸入式水口,它们对提高铸机拉速有重要的作用[16]。

表1-1 CSP薄板坯连铸机技术参数的优化趋势

铸机		1989年	1995年	1999年	2001年
铸机单位时间通钢量(宽度1 250 mm)	t/h	175	200	220	230～260
	t/min	2.9	3.3	3.7	3.8～4.3

续 表

铸　　机		1989年	1995年	1999年	2001年
冶金长度/mm		≤6 400	≤8 060	≤9 750	≥10 300
流年产规模/(Mt/a)		0.9～1.1	1.1～1.2	1.3～1.4	1.35～1.36
作业时间/(hr/a)		5 143～6 286	5 500～6 000	5 909～6 364	5 870～6 154
相应转炉吨位估算	当BOF时间为40 min/t	120	135	150	170
	当BOF时间为36 min/t	105	120	132	150
	当BOF时间为32 min/t	95	110	120	135～140

表1-2　第1代、第2代和第3代薄板坯连铸机的技术参数

参　　数	第1代CSP	第2代CSP	第3代CSP构想
结晶器厚度/mm	50	50～90(液芯压下)	90～100(液芯压下)
冶金长度/m	7～8	9～10	13～14
宽度/m	＜1.25	1.7	1.7
连铸机流量/(t/min)	2.5～3.0	3.3～3.7	4.0～4.5
成品厚度范围/mm	1.5～8.0	1.0～12.7	1.0～12.7
炼钢分配量	120～180 t EAF	120～150 t BOF	150～160 t BOF
规　　模	2流160 Mt/a	2流200～250 Mt/a	1流,140～180 Mt/a 2流,280～300 Mt/a

CSP薄板坯连铸机技术参数的优化趋势见表1-1[17]。第1、2、3代CSP薄板坯连铸机的技术参数见表1-2[17]。

1.2.1.2　结晶器

目前开发的薄板坯连铸结晶器类型有：(1) 平行结晶器，如ISP工艺；(2) 漏斗形结晶器，如CSP工艺；(3) 透镜形双高结晶器，如

FTSR 工艺。这三种结晶器均已在生产上应用并取得了良好的效果。从坯壳受力情况来看,平行结晶器要优于漏斗形和透镜形结晶器;而从结晶器空间大小来看,则漏斗形和透镜形结晶器优于平行结晶器[18]。目前,对于坯厚为 50～70 mm 的薄板坯连铸机,广泛使用的是漏斗形结晶器。

薄板坯结晶器弯月面区域必须有足够的空间来插入浸入式水口,且必须满足以下要求[19]:水口壁与结晶器壁之间无凝固桥生成;弯月面区有足够容积,使钢水温度分布均匀,利于保护渣熔化;弯月面区钢水流动平稳,防止过大紊流而卷渣;结晶器几何形状应使坯壳在拉坯过程中承受最小的应力。

漏斗形结晶器[20]是一种内腔顶部中央注钢区拉长以插入浸入式水口(SEN),往内腔注入钢水的连铸结晶器(见图 1-1)。凝固中的坯壳从逐渐向下收缩的漏斗区中通过,漏斗厚度逐渐变小,在接近结晶器底部前漏斗形状完全消失(见图 1-2),在结晶器底部,即出现两个宽面相互平行或基本平行。这种漏斗形结晶器在漏斗外侧有加长段,在此处可将窄面定位到不同的浇铸宽度。1987 年施罗曼-西马克有限公司获此项专利权[21]。CSP 结晶器最初设计厚度为 50 mm,德国 TKS 钢厂为 63 mm,中国包钢、湖南华菱涟钢等为 70 mm,邯钢第二流为 90 mm。加厚结晶器在技术上可带来的好处有[4]:

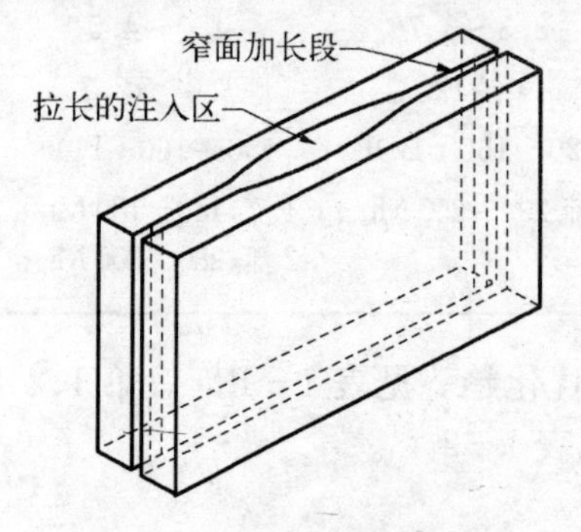

图 1-1 漏斗结晶器中插入 SEN 用的拉长开口

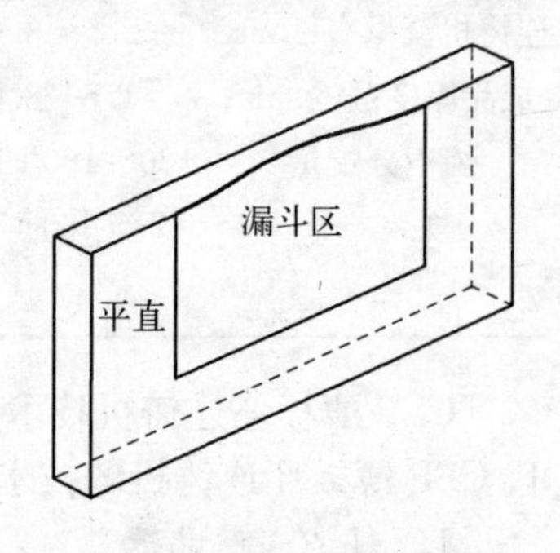

图 1-2 漏斗结晶器向下收缩的浇铸

（1）增加结晶器钢水存量，即增加钢水热容量，有利于保护渣熔化；

（2）增加结晶器空腔体积，有利于浸入式水口的插入与合理设计，避免钢水在水口周围凝结架桥；

（3）结晶器钢水存量增加，可减少液面波动，稳定弯月面状态，减少卷渣缺陷；

（4）改善结晶器热流分布，使冷却较为均匀，减少坯壳热应力并促进坯壳均匀生长；

（5）延长钢水在结晶器内的滞留时间，以利于夹杂物上浮；

（6）有利于设计铸坯断面更宽的薄板坯连铸机；

（7）可提高薄板坯产量，更好地与轧机生产能力相匹配。

据资料报道邯钢将 CSP 铸坯结晶器出口厚度由 50 mm 增加到 70 mm 后，生产能力提高了 23%[22]。

1.2.1.3　*薄壁扁形浸入式水口*

在薄板坯连铸过程中，浸入式水口与塞棒配合控制注流，并对注流进行保护以防止钢水的二次氧化，保证进入结晶器的钢水有最佳的分布状态，获得良好的流场。对薄板坯连铸浸入式水口的要求为[23]：用于多钢种，有较高的冷热态强度、高导热性能，高的抗 Mn 侵蚀性和良好的耐热冲击能力，渣线锆质区稳定，具有防氧化层，入口处加强以防止浇钢过程中结瘤堵塞并具备耐高温钢水冲刷浸蚀性能，适宜多炉连浇等。一般来讲，浸入式水口要满足以下几方面的条件[24]：

（1）水口尺寸和几何形状要与尺寸较小的薄板坯结晶器相适应，水口与结晶器壁间有足够的空间以防固体搭接；

（2）水口的钢流量要与拉坯速度匹配（一般要 2～3 t/min）；

（3）钢液流态分布合理，起码不至于对铸坯质量与安全操作构成威胁。

为延长水口的使用寿命，人们开发了薄壁扁形浸入式水口，水口上部为圆柱形，下部为扁形或椭圆形，采用等静压成形。水口本体材

料为 Al_2O_3 - C，流体冲刷区材料为 MgO - C，渣线材料为 ZrO_2 - C[19]。浸入式水口的形状设计一般如图 1-3 所示[25]。

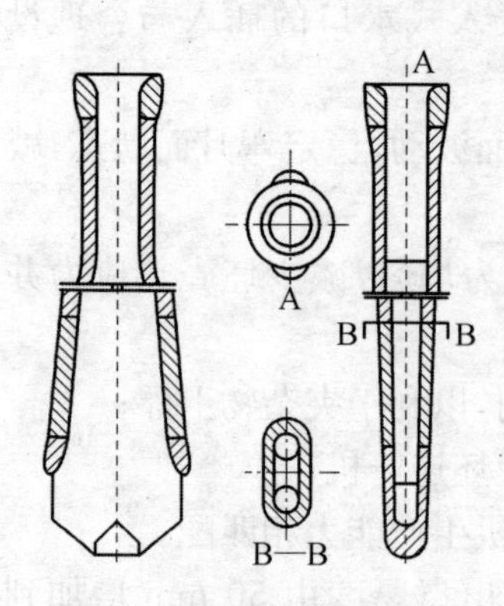

图 1-3 CSP薄板坯连铸用浸入式水口

到目前为止，西马克公司已开发出第四代薄壁扁形浸入式水口[26]，进一步满足了 CSP 生产的需求。

1.2.1.4 电磁制动技术

电磁技术是一门综合科学，涉及电磁动力学和流体力学、热力学等多门学科。磁流体力学（MHD—Magneto-hydrodynamics）是研究导电流体（熔融金属、半凝固金属）在电磁场作用下运动规律的一门边缘学科，它借助电磁感应将能量无接触地转换成导电流体的动能和热能[27]。电磁技术在连铸中的主要应用有电磁搅拌（Electromagnetic Stirring，简称 EMS）；软接触（Soft Contact）；电磁制动（Electromagnetic Brake，简称 EMBr）；以及日本钢管公司的 EMLA（电磁液面加速器，低拉速时可用），EMLS（电磁液面稳定器，高拉速时可用）等几项技术[28]。其中结晶器电磁制动技术是基于一定构形的外加恒定磁场有阻滞导电流体流动和抑制湍流作用的思路，将磁流体力学（MHD）和冶金学结合开发而成[29]。

早在 50 年代，就有人在结晶器上实验电磁制动技术[28]；1982 年，由瑞典 ASEA 公司与日本川崎公司联合开发了连铸结晶器电磁制动技术（简称 EMBr），并在川崎公司的水岛钢厂进行实机应用试验，冶金效果良好[30]；之后电磁制动技术不断进步，随后开发了条尺形电磁制动 EMBr - MR（也称电磁闸）技术，这种电磁制动装置于 1991 年安装在法国索拉克公司敦刻尔克厂，后来荷兰艾莫尹登的霍戈文公司也装了这种设备[31]；新日铁开发的均一电磁制动 LMF[32-37]，其原理与 EMBr - MR 十分相似，它是对结晶器内浸入式水口出口下方宽度方向施加一水平直流磁场。90 年代初，川崎制钢开发了流动控制结

晶器 FC－Mold，该设备的冶金效果曾在 1994 年 3 月芝加哥召开的国际炼钢会议上发布[38]。

电磁制动的原理[39]是，从浸入式水口（SEN）的两个侧孔吐出的流股，以相当大的速度垂直切割外加的恒定磁场，就在其中感应起电势 E。因钢水有导电率 σ，由此感生起感应电流：

$$J = \sigma E = \sigma V \times B \tag{1-1}$$

其中 V 为流股速度，B 为外加的恒定磁感应强度。感应电流的方向与流股的方向和外加磁场方向相垂直，符合 Flaming 右手定则。该感应电流与外加恒定磁场的相互作用，在流股上产生电磁力 $F = J \times B$，电磁力是体积力，作用在流股的体积单元上。

研究结果表明[40]：感应电流与磁场共同作用产生了与流场速度方向相反的电磁力，从而形成电磁制动效应，电磁力是造成电磁制动的直接原因。由于制动的结果，流股分裂造成分散的流动，这是搅拌效应。借助这两个效应控制结晶器内钢水的流动，就是板坯连铸结晶器电磁制动的工作原理。结晶器加电磁制动以后，整个结晶器内流体流动的速度有所减小，并易形成塞流。

第一代电电磁制动 EMBr 是由分布在浸入式水口两侧的局部磁场组成，如图 1－4 所示[41]。其磁场特点是[29]：有两个方向相反的局部磁场作用 K 区，分别位于 SEN 的左右两侧，俗称局部区域。尽管两个磁场作用区内的磁场方向相反，感应电流方向也相反，在流股中感生的电磁力的方向始终与各自的流股方向相反，从而能有效地制动由 SEN 两个侧孔吐出的流股。其制动特性依赖于断面、拉速、氩气流量及浸入式水口形状等浇注条件[42,43]。

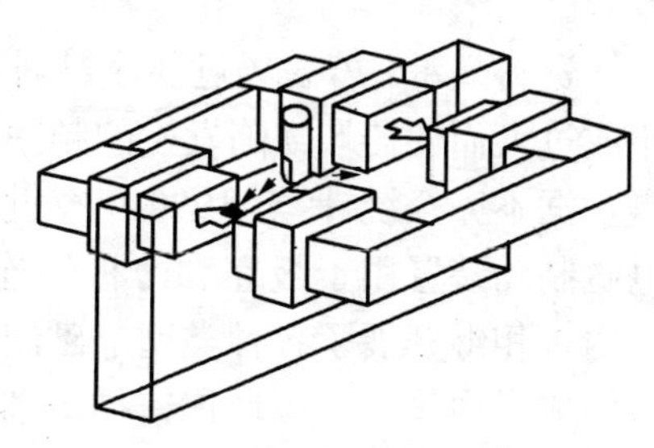

图 1－4　EMBr 结构示意图

图 1－5 所示[38]是条尺形电磁制动 EMBr－MR 技术，其磁场特点是在结晶器内建立覆盖

整个结晶器宽度的水平磁场[29]。

流动控制结晶器 FC－Mold，该系统在结晶器整个宽度方向上安装两组静态磁场。一组位于弯月面附近，另一组位于结晶器下部。如图 1－6 所示[44-48]。FC－Mold 上段磁场主要用于稳定弯月面，下段磁场主要用于制动向下侵入流动[29]。

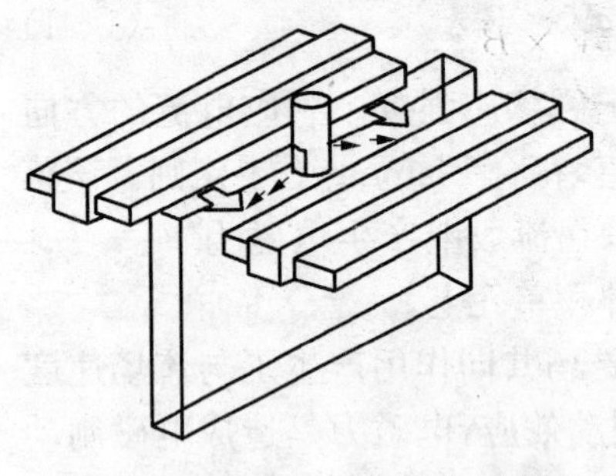

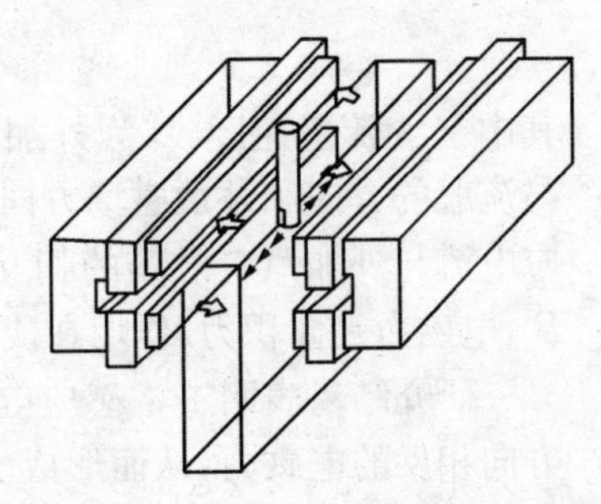

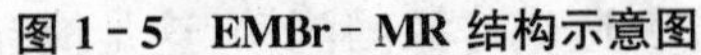

图 1－5　EMBr－MR 结构示意图

图 1－6　FC－Mold 结构示意图

EMBr 作用的效果受诸多因素相互作用，主要的影响因素有[28]：

(1) 产生磁场的方式。磁场的产生方式有连续和间歇两类。其中间歇磁场能有效抑制结晶器弯月面的液面波动。施加同步间歇性磁场能获得更好的表面质量。

(2) 电磁线圈与弯月面的相对位置。首先相对位置影响磁场强度；其次线圈位置也影响作用于坯壳上的综合压力和铸坯的质量。

(3) 磁场强度的影响。连铸坯表面质量随电磁强度的增加而改善。

资料显示：若磁场过强或过弱，会因结晶器弯月面液面的波高过小或过大而使铸坯缺陷发生的频率变大，降低铸坯的质量[49]。

据不完全统计，至 1996 年在世界范围内已有近 30 套各种类型的电磁制动装置用于板坯和薄板坯连铸[29]。从 20 世纪 80 年代末起，国内也相继开展了各种类型电磁制动的实验和理论研究。90 年代初研制成国内第一台板坯连铸结晶器局部区域电磁制动装置并进行实机应用，取得了改善铸坯表面质量和减少内部夹杂的良好效果[29]。

1.2.2 薄板坯连铸工艺的特点

综合起来,薄板坯连铸工艺有如下的特点[19]:

(1) 铸坯液芯长度短。

(2) 铸坯热历程变化平稳,铸坯温度高且分布均匀。同时,铸坯冷却速度快,铸坯在铸机内停留时间短,铸坯热能可有效利用,因而铸坯温度高,铸坯中心和边部温度差别小,钢中不易产生质点(如AlN)的沉淀,不需要在加热炉中溶解AlN便可直接轧制,这是薄板坯快速凝固的特点。

(3) 板坯内部质量好。薄板坯凝固速度快,树枝晶细,内部结构致密,偏析小。

(4) 薄板坯中的夹杂物更接近于表面。

(5) 薄板坯比表面大,表面温度高。

1.3 薄板坯质量

薄板坯结晶器内的空间小,拉速高,在相同浇注速率下,薄板坯结晶器内钢水的流动强度比厚板坯要大4倍[19]。从浸入式水口喷出的钢液使结晶器内的钢液产生剧烈的湍流,液面波动相当剧烈,很容易产生卷渣等现象。由于钢水流股在结晶器中穿透很深,钢水会卷入结晶器保护渣和其它杂质,钢水凝固中若有这种杂质会严重损害产品质量[31]。目前,以薄板坯为原料生产出的冷轧薄板表面质量一般不如厚板坯好,这是重要原因之一。薄板坯常见的质量问题有:纵裂、横裂、表面皮下氧化物和振痕。

1.3.1 纵裂

薄板坯的纵裂主要发生在铸坯的结晶器内,纵裂的产生,不仅造成质量问题,还会降低结晶器寿命[50,51],故须设法消除。初生坯壳厚度不均匀,在坯壳处产生局部应力集中是纵裂形成的基本条件[52]。

凝固坯壳在结晶器内的受力主要有：温差引起的热压力，钢水静压力，钢水静压力和坯壳收缩应力产生的动摩擦力，液面产生的弯曲应力。这些力从内部、外部作用到坯壳上，使坯壳发生着不同程度、不同类型的变形，如果这些变形超过了坯壳所能承受的变形率，则引起裂纹缺陷的产生。对于薄板坯连铸，综合起来，纵裂产生的原因主要为：

(1) 所用保护渣的黏度不合适[53]。保护渣黏度不合适使其流动性受到影响，使铸坯表面润滑和散热不均匀，产生裂纹。

(2) 钢的碳含量在包晶区[54]。钢在凝固中发生包晶反应，体积收缩产生突变，使铸坯中局部热应力上升，产生裂纹。

(3) 钢的化学成分与结晶器热流密度不匹配[55]。结晶器的热流密度不适应钢化学成分的要求，表现铸坯降温达到其低强度区或低延性区时，积累了较大的热应力，若超出钢的强度或刚性极限，产生裂纹。

(4) 钢水中 S、P、Sn、As 含量高，特别是 S 含量高[56]。钢水中此类元素含量高，使钢在高温下的强度和延性下降，易产生裂纹。

(5) 结晶器液面波动。结晶器内钢水液面波动幅度大会影响保护渣的渗流，使铸坯四周的润滑和散热不均匀，严重时产生裂纹。

1.3.2 横裂

横裂是由于热塑性降低所产生的薄板坯连铸的另一个严重问题[57]。研究表明：薄板坯产生横裂的主要原因是 AlN 的析出[58]。当板坯的温度接近 Ar_3 时，铁素体也开始在奥氏体晶界析出，二者弱化了奥氏体晶界，易产生裂纹。对薄板坯，由于冷却较快，这一问题尤为突出。薄板坯在均热炉中一般均热 15 min 左右，且均热温度也较低，一般仅 1 100 ℃，连铸冷却中形成的 AlN 颗粒不能溶解，给轧制造成困难。解决这一问题的方法，一方面是控制钢中 Al 和 N 的含量；另一方面提高均热温度到 1 225 ℃使 AlN 溶解，保证在轧制过程中没有析出物；此外还可以在连铸机后增加一边部感应加热器

(因为边部温度降低最快,最易产生裂纹),同时通过优化结晶器内钢水流动和铸坯的冷却,避开AlN析出区。资料表明:薄板坯边部横裂主要与钢水中的铜、氮等杂质元素的含量以及铸坯的二次冷却有关[59]。

1.3.3 表面皮下氧化物

铸坯表面皮下氧化物主要是由于结晶器在振动时形成的拉应力使处在外壳处的保护渣由弯月面拉入流股形成的。从理论上讲,沿流股宽度上只要在流股外壳和结晶器之间充足而均匀地供给保护渣,并在弯月面附近产生连续的润滑薄膜即可。在操作上,要保持平静的熔池表面,避免液面的扰动,满足保护渣高度始终大于正在从溶池中拉出的坯壳的高度,因为这时坯壳正处在结晶器向上运动期间的拉应力作用下。应考虑使结晶器振动周期,振幅,频率和波动具有可调性,这些是影响结晶器液面参数的主要因素[60]。

1.3.4 振痕

在连铸过程中,钢水在弯月面凸起的部分由于结晶器的冷却会形成凝固壳,此凝固壳在结晶器振动过程中受到保护渣渣周期性变化的压力而变形,形成振痕[61]。现有振痕控制技术:

(1) 改变结晶器振动方式。采用高频率小振幅技术[62-65];非正弦振动技术[66-69];谐振结晶器[70];结晶器宽面、横纵向振动相结合技术;超声波振动技术[62]等,都可减轻振痕深度。

(2) 结晶器结构和材质的改变。

(3) 选择合适的保护渣。高速连铸保护渣应具有四层结构[71]:粉渣层、烧结层、半熔层和熔渣层。从理化性能考虑,保护渣必须具有:① 良好的润滑作用;② 能迅速熔化;③ 能吸收上浮到钢水液面上的夹杂物。因此,保护渣的溶化性能、黏度和结晶性能被认为是其最关键的三个参数[72,73],其中黏度对铸坯表面振痕形成的影响最为直接,故保护渣应具有较低的黏度和熔融温度、合适的碱度及较快的

熔化速度等物理特性[74,75]。

(4) 减少弯月面钢水波动。弯月面的状况与初始凝壳的形成密切相关,它既是初始凝壳的生长点,又是表面缺陷的孕育地。波动较大的弯月面可造成卷渣,同时也使振痕等缺陷放大。

近年来,用电磁技术改善铸坯振痕的研究取得进展,提供了一种新的思路。电磁技术改善铸坯表面质量的研究,主要从电磁场的热效应和力效应入手,集中在电磁场对连铸坯初始凝固行为的影响上。研究表明:在热效应方面,由于电磁场对结晶器和铸坯初凝壳感应加热,以及铸坯初凝壳与结晶器间"软接触"的状态,使两者间的热阻增加,铸坯的初始凝固点降低,这有利于铸坯表面质量的改善[76];在力效应方面,文献[77-80]认为电磁力使铸坯和结晶器间"软接触"状态的实现,使初凝壳与结晶器之间的保护渣道得以拓宽,从而减少了因结晶器振动导致的保护渣道内动态压力的变化,减轻了钢液弯月面所受的扰动,提高了连铸初始凝固过程的稳定性,使铸坯表面振痕减轻,表面裂纹的发生几率减少。Mochida 等人[81]报道了应用超导磁体后,由于减小了液态金属表面的运动,从而减小了铸坯表面振动痕迹的深度。

1.4 浸入式水口对结晶器流场及其铸坯质量的影响

在薄板坯连铸中,结晶器液面控制对产品质量和生产的顺行至关重要。结晶器液面波动影响保护渣的熔化和卷入。若液面过于平静,则不能提供足够的热量来熔化保护渣,当然也就不能提供足够的液态保护渣来减弱凝固坯壳与结晶器壁之间的摩擦以及改善它们之间的传热;如液面波动剧烈,同样不能提供足够的液态保护渣(尤其不能在结晶器宽面中部提供),同时容易把保护渣卷入钢液中而形成夹杂物,导致产品质量问题。因此,结晶器内流体的流动特性不仅关系到结晶器的传热、夹杂物的上浮,而且还与铸坯表面及内部质量有着非常密切的关系,开展薄板坯连铸结晶器内钢水冶金过程的研究

就显得尤为重要。

结晶器内钢液流动是典型的受限空间紊流流动，各国冶金工作者对结晶器内钢液的流动进行了很多的研究。Szekely 曾用简化的紊流模型数值模拟了圆坯连铸结晶器中的流动现象[82]。Kelly 用人为增大黏性系数的层流模型求解了方坯中的三维流场[83]。近年来，Thomas 等用 K－ε 方程模型研究了传统板坯结晶器中两维和三维紊流流动[84, 85]，Honeyands 等用 FIDAP 两维模型对薄板坯水模拟结晶器中的紊流进行了数值分析[86]。

对于薄板坯连铸工艺，由于铸坯厚度薄，为达到经济产量必须提高拉速，因此其拉速远远大于一般的板坯连铸机，同时薄板坯结晶器由于开口度小，浸入式水口加入后严重影响了结晶器中钢液的流动，一方面恶化了传热和化渣条件；另一方面由于紊流强度的加大，增加了保护渣进入钢液的几率，因而限制了拉速的提高。因此，为进一步提高拉速，必须对结晶器流场的影响因素进行分析，以优化高拉速下结晶器内钢水的流场。

包燕平等通过建立钢液流动的数学模型，在高拉速(6.0 m/min)条件下，深入研究了水口出口面积比、水口出口角度、水口浸入深度以及结晶器开口形状等因素对结晶器内钢液流场的影响，并用水力学模型对数学模型计算的结果进行了验证[87]。文光华等针对 ISP 型薄板坯连铸结晶器，利用数值模拟的方法，计算了结晶器内流体的三维流场和温度场，比较和分析了水口结构形状、插入深度及拉坯速度对结晶器内流场和温度场的影响，为薄板坯连铸结晶器及浸入式水口结构形状的选型提供了理论依据[88]。杨秉俭和苏俊义采用高 Re 数的紊流 K－ε 两方程模型，结合壁面函数法对薄板坯连铸结晶器中钢液的紊流流动进行了有限元数值模拟[89]。在数值模拟中，考虑了凝固壳厚度分布对流场的影响，简要分析了薄板坯连铸结晶器中钢液三维紊流流动特点及与流动有关的板坯质量等问题。

在水力学模型试验和研究方面，包燕平等基于相似原理，采用 1∶1 的水模型，模拟了薄板坯连铸结晶器内钢液的流场[90]。他们采

用 SG800 人工数据采集系统对结晶器内液面波动和注流冲击深度进行了定量测量，开发了一种新型的耗散型浸入式水口。

1.5 电磁制动对结晶器流场及其铸坯质量的影响

在薄板坯连铸中，从浸入式水口喷出的钢液流速很大，这样就使得结晶器内的钢液产生剧烈的湍流，液面波动相当剧烈，很容易产生卷渣等现象，而且使得射流流股对结晶器壁冲击剧烈，有使窄面凝固壳重溶的危险。另外，流股的穿透深度也很大，使一些夹杂物来不及上浮就卷进正在凝固的凝壳中，这些对板坯的表面质量及内部质量均有很大的影响。正是由于在结晶器上加静态磁场可以控制结晶器内的钢液分布，使钢液流速合理，以达到良好的冶金效果，因而随着连铸过程中拉速的增加及对板坯质量要求的提高，电磁制动技术得到了越来越多的应用。近几年，越来越多的系统采用电磁力的优点来改变连铸过程中的流场[91-94]。

国外冶金工作者就磁场对结晶器中钢水流动行为的影响进行了很多的研究。Hackl 等人通过往连铸钢液中加入一个难熔的圆形物体，采用已用水模校准的仪表来测定圆形物体上的压力来反映电磁制动后结晶器弯月面流体流动的速度[95]；采用将无磁不锈钢片插入结晶器弯月面来比较电磁制动后弯月面液面波动的情况[96]。Toh 和 Takeuchi 认为结晶器中钢液的流动决定了最终产品的质量[97]。Takatani 也认为交变的磁场用来搅拌钢液，静态的磁场用来控制钢液的流动[98]。Morishita 等人报道了电磁制动的影响，结晶器中钢水从弯月面的渗透深度从 1 500 mm 减小到 900 mm，同时，夹杂物也减少了 50 %左右[99]。另据报道，采用电磁制动后结晶器液面波动可控制在±2 mm[100]。

近年来，国内也开展了有关薄板坯结晶器电磁制动技术的基础研究工作。李宝宽等采用模型实验结合数值模拟的方法分析了薄板坯连铸结晶器内的电磁制动过程[101]。吕伟等以 500 mm×70 mm 薄

板连铸机结晶器为研究对象，依据电磁流体力学理论，建立二维数学模型，使用交错网络及数值分析方法，分析了薄板坯结晶器在恒定磁场作用下的钢水流动特性[102]。吕伟等以Sn作为模拟合金，测定了有无电磁制动条件下结晶器内液流的二维速度分布，实验结果表明：电磁制动对于减少液面波动，改善薄板坯连铸结晶器内的流场有明显效果[103]。

1.6 电磁制动对结晶器中铸坯初生坯壳的影响

结晶器弯月面是初生坯壳生长的起始点，弯月面形态的好坏直接影响到连铸坯的质量[104]。同时，结晶器水口出流对初生坯壳的剧烈冲刷不仅会削弱初生坯壳的厚度，甚至会导致漏钢。注流进入结晶器会使熔池产生强烈的冲击或扰动，铸速愈高扰动愈烈，这种扰动在液面上会使保护渣分层结构不均，甚至发生卷渣或在初生坯壳上造成缺陷。熔池内的冲击流股会冲刷凝壳，使坯壳的凝固传热不均匀，严重时产生纵裂，结晶器EMBr可有效抑制这种扰动冲击[105]。

1.7 电磁制动对于钢水中夹杂物去除的影响

钢中非金属夹杂物会导致各种各样的缺陷。为了提高铸坯的质量，掌握夹杂物在连铸过程中的行为并设法去除就显得非常重要。

从结晶器浸入式水口流出的钢液射流夹带着非金属夹杂物首先冲击结晶器窄面的凝固壳，一方面高温液流容易导致凝固壳重熔甚至产生拉漏现象，另一方面也促进了凝固壳对夹杂物的俘获。对于薄板坯连铸，由于拉速比常规板坯高很多，弯月面处过大的上涌钢液流速所产生的强烈湍流脉动就变得更加严重[106]。若从水口流出的钢流经电磁制动后，则可降低其在板坯内的穿透深度，而钢流穿透深度的减小有助于改善非金属夹杂物向弯月面的上浮[38]。Kubota等人报道了在高速浇铸的情况下，磁场对抑制结晶器卷渣的影响[107]。

Kobayashi 等人报道了应用电磁场来减少钢中簇状氧化铝的数量的情况[108]。

利用电磁力分离夹杂物的原理如下：当在液态金属中施加均匀的电磁力时，金属被电磁力压缩，并且在金属中产生压力梯度。因为悬浮于液态金属中的非导体颗粒只受到压力，没有受电磁力，因此，非导电颗粒被迫向电磁力的反方向运动。根据 Leenov－Kolin 的理论[109]，绝缘体球形颗粒在施加了均匀电磁力的导电流体中所受到的力表示为

$$F_p = -\frac{3}{4}\frac{\pi d_p^3}{6}F \tag{1-2}$$

式中 F_p 为作用于非导电颗粒上的力，F 代表电磁力，d_p 代表颗粒的直径。由于这种力反作用于电磁力，所以可以被用来从液态金属中分离非导电颗粒。

Taniguchi 和 Miki 等人建立了钢液中夹杂物颗粒聚集和扩散模型[110, 111]。Gardin 等人预言了电磁分离力对夹杂物轨迹的影响[112]。Cho 等人发展了新的 EMBr 模型来减少全弧形连铸机中的夹杂物[113]。Takahashi 和 Taniguchi 通过研究从液态金属铝中电磁分离 SiC 颗粒(平均直径为 20.5 μm)，得到了电磁分离进行得非常快、强的电磁力能够获得高夹杂物分离效率的研究成果[114]。据报道，没有装 EMBr－Ruler 时小于 100 μm 夹杂物的去除速度低于 14.3%，而在水口出口面上装了后则上升到 40%[115]。

1.8 磁场在金属凝固方面的研究及应用

磁场与温度、压力、化学成分等因素一样，是影响金属相变(包括金属凝固)的主要因素。但由于获得强磁场存在很多困难，使其研究领域受到限制。最近，超导体的迅速发展促进了对强磁场下各种现象的研究工作。在细化晶粒方面，已有研究表明在 C－Mn 钢加热到

800 ℃后，放在 10 T 磁场下以 5 ℃/min 的速度冷却，所得铁素体的体积百分数比无磁场作用的试样多 5%[116]。最近 Enomoto 等[117]研究了磁场对先共析铁素体转变动力学的影响，结果表明：不管是在居里点以下还是以上，磁场的存在都会加速转变动力学。

把磁场应用于材料凝固阶段已经得到了实际的发展，比如，钢水连铸过程的质量改善得到了实现。静态磁场的施加降低了液态金属流动的紊乱，然而，交变的磁场可以被用来搅拌液态金属。这两者都是由于 Lorenz force 的作用。静态磁场的大小一般都是小于 1 T。磁场的另一个影响是静磁能和来自于静磁能的磁化力。在静磁能中存在着两种不同的各向异性。一个是磁晶各向异性，另外一个是形状各向异性。由于磁晶各向异性的磁化力已经在处于高磁场下的顺磁和反铁磁材料中得到了认可，比如，通过应用磁化率的各向异性，检验了有关高居里温度超导体纹理结构的大量研究[118, 119]。另外，对于磁场对 Bi－Mn 凝固过程中的晶粒长大和 Cu－Co 合金凝固过程中 Co 颗粒的析出行为进行了大量的研究[120-123]，Yasuda 等研究了具有小的磁晶各向异性的 fcc－Co 晶粒的形状改变[124]。当 Cu－30at%Co 合金的快速凝固颗粒在 $T = 1173\ \mathrm{K}$、$H = 10\ \mathrm{T}$ 下退火 48 h 和 200 h，Co 晶粒长成沿着磁场方向伸长的形状。$H = 10\ \mathrm{T}$ 下，长轴方向与磁场方向之间角度的平均值是 15°，比 $H = 0\ \mathrm{T}$ 下的平均值小。从热力学的角度研究了在磁场作用下，生长过程中各向异性结构的形成。在 Co 晶粒尺寸为几个微米的区域内，不仅表面能而且形状各向异性能起到了驱动力的作用。

强磁场不仅能影响铁磁性材料，而且能影响非磁性材料。通常，材料都具有磁晶各向异性，也就是在不同的晶体学方向，其磁化率是不同的。因此，可以利用这种性质通过施加高磁场来控制晶体的取向。截止到目前，已研究了通过施加高磁场来影响材料磁取向的可能性。在凝固过程重新加热材料时，Sugiyama 等发现：高磁场能够控制 Zn－Sn 或者 Bi－Sn 非磁性合金的晶体取向，他们还对非磁性金属晶体中磁旋转进行了理论分析[125]。

1.9 本文的研究要点

综合前述结果,对于电磁制动在薄板坯连铸连轧的理论研究和应用方面,前人已经取得的主要结果如下:

(1) 自薄板坯连铸连轧商业生产线投产十几年来,薄板坯连铸工艺和质量都得到了不断发展和改进。一些新的工艺和技术,如电磁制动、结晶器和浸入式水口的设计等得到开发和应用,它们已成为薄板坯连铸连轧生产的重要工艺和技术。

(2) 对于薄板坯连铸连轧生产中存在的质量问题,如纵裂纹、横裂纹和皮下夹渣的成因,尤其在浸入式水口对结晶器内钢水的流动行为及其对铸坯质量的影响方面进行了大量的研究工作。上述缺陷的形成主要与结晶器内钢水的流动行为有关。

(3) 电磁制动在金属连铸领域进行了大量的理论和实验研究,其基本原理和应用效果基本清楚。感应电流与磁场共同作用产生了与流场速度方向相反的电磁力,从而形成电磁制动效应,电磁力是造成电磁制动的直接原因。电磁制动的效果主要体现在减少铸坯内部夹杂和提高铸坯表面质量等方面。

电磁制动在薄板坯连铸连轧的理论研究和应用方面,目前主要存在的问题是电磁制动和浸入式水口对结晶器内的冶金过程和铸坯质量的影响,尤其是在第二代高速 CSP 薄板坯铸机的理论研究和应用方面,缺乏比较系统的研究。

为此,本文的主要研究内容为:

以湖南华菱涟钢 CSP 连铸(第二代)为对象,通过水力学模拟、数值模拟、现场试验和在线检测、对比分析等,掌握无 EMBr 时结晶器内流动行为等冶金过程,验证 EMBr 对结晶器内冶金过程和铸坯质量的影响,优化 EMBr 工艺参数,为提高第二代 CSP 薄板铸坯质量提供理论基础。

第二章　CSP 连铸结晶器水力学模拟实验

2.1　CSP 连铸结晶器的水力学模拟实验装置

2.1.1　模拟实验装置及尺寸

图 2-1 为设计的连铸结晶器水模实验装置示意图。该装置用有机玻璃制成,与实际装置几何尺寸相似比为 1∶1。

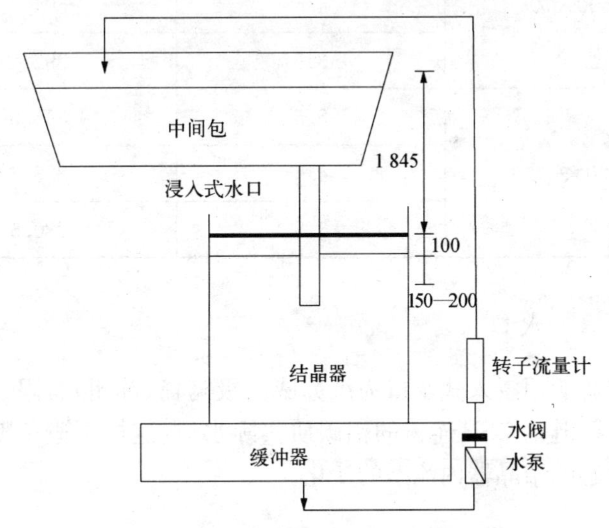

图 2-1　连铸结晶器水模拟实验装置图

2.1.2　相似准数

为减少结晶器和浸入式水口模型的边界状态对流动的影响,我

们取模型与原型几何相似比为 1∶1,并保证雷诺数 Re 和弗鲁德数 Fr 同时相等,以使模型与原型结晶器内液体流动状态相似。这样,由水模型得出的液流速度与实际钢液流速一致。即由 $Fr = U^2/gL$ 相等,令 $Fr_m = Fr_p$,则有 $U_m = U_p$(其中 m-模型,p-原型)。

根据湖南华菱涟钢产品大纲,本实验选择了其中最宽和最窄的断面尺寸进行水力学模拟实验,并由上述相似理论,计算并给出了对应于实际不同铸坯拉速下模拟的液流量,见表 2-1。

表 2-1　对应于实际铸坯拉速下模型的液流量

结晶器断面尺寸/mm^2	实际铸坯拉速/(m/min)	模型水流量/(l/min)
1 500×70	5.5	616
	4.5	504
	3.5	392
900×70	5.5	346.5
	4.5	283.5
	3.5	220.5

2.1.3　水口

本实验所用浸入式水口为维苏威高级陶瓷(苏州)有限公司应用于湖南华菱涟钢 CSP 连铸的铝碳质实际水口,这样可避免因水口加工误差引起的结晶器内流态的变化。

2.2　实验方法及条件

2.2.1　模型液流量的测定

模型液流量按图 2-1 所示系统测定。在模型结晶器的下方接一

缓冲器，用水泵从缓冲器内抽出水注入中间包内，中间包内的水经浸入式水口再流入结晶器内，结晶器内的水又回到缓冲器，如此循环。当中间包液面和结晶器内液面在规定刻度保持稳定时，转子流量计显示的流量即为该工况下的液流量。每一工况稳定 5～10 分钟后进行实验。

2.2.2 流态拍摄与流速测定

通过示踪摄影来实现结晶器内流态的显示。所用光源为激光偏光源，以聚苯乙烯塑粒（粒径 1 mm，密度 0.97 g/cm^3）为示踪剂。利用 SLV—20 扫频可调激光测速仪与数码摄像机相配，得到结晶器纵断面流态及液体分速度。用数码摄像机对整个水模实验过程进行了拍摄。

2.3 实验结果

表 2－2 为 1 500 mm × 70 mm 断面的结晶器流场，表 2－3 为 900 mm ×70 mm 断面的结晶器流场。

表 2－2 1 500 mm×70 mm 断面的结晶器流场

水口插入深度/mm	实际拉速/(m/min)	铸流冲击深度/mm	液面状态
150	5.5	900	液面很活跃，水口附近有不稳定涡。
	4.5	800	液面很活跃。
	3.5	700	液面较活跃。
200	5.5	950	液面活跃，水口附近有不稳定旋涡。
	4.5	850	液面活跃。
	3.5	750	液面较活跃。

表 2-3　900 mm×70 mm 断面的结晶器流场

插入深度 /mm	实际拉速 /(m/min)	冲击深度 /mm	液面状态
150	5.5	800	液面平静,注流对结晶器壁有冲击
	4.5	720	液面平静,注流对结晶器壁有冲击
	3.5	700	液面平静,注流对结晶器壁有冲击
200	5.5	850	液面平静,注流对结晶器壁有冲击
	4.5	780	液面平静,注流对结晶器壁有冲击
	3.5	750	液面平静,注流对结晶器壁有冲击

图 2-2 和图 2-3 分别给出了 1 500 mm×70 mm 断面结晶器在水口插入深度 150 mm 和 200 mm 不同拉速时的流态。

图 2-4 和图 2-5 分别给出了 900 mm×70 mm 断面结晶器在水口插入深度 150 mm 和 200 mm 不同拉速时的流态。

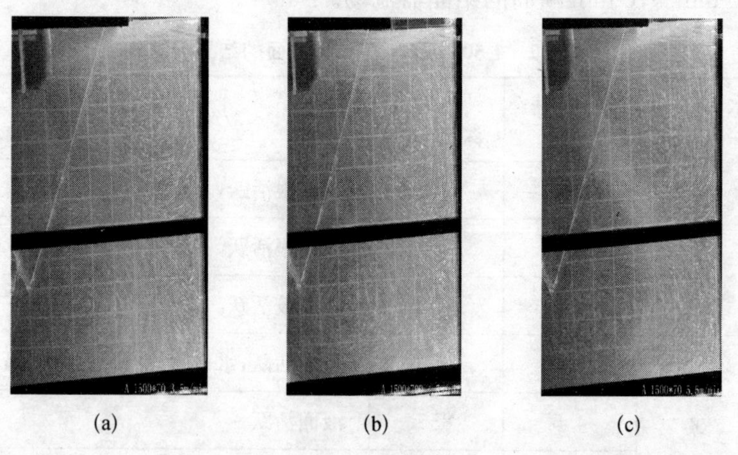

(a)　(b)　(c)

图 2-2　1 500 mm×70 mm 断面结晶器的流态(水口插入深度 150 mm)

(a) 3.5 m/min 拉速;(b) 4.5 m/min 拉速;(c) 5.5 m/min 拉速

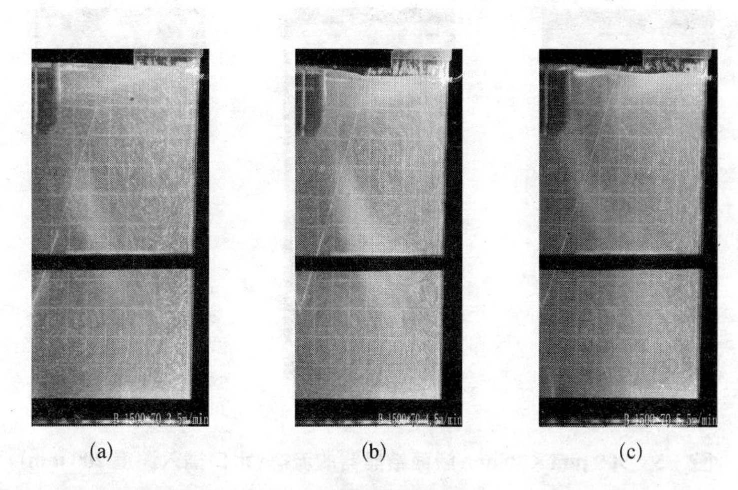

图 2－3　1 500 mm×70 mm 断面结晶器的流态(水口插入深度 200 mm)

(a) 3.5 m/min 拉速；(b) 4.5 m/min 拉速；(c) 5.5 m/min 拉速

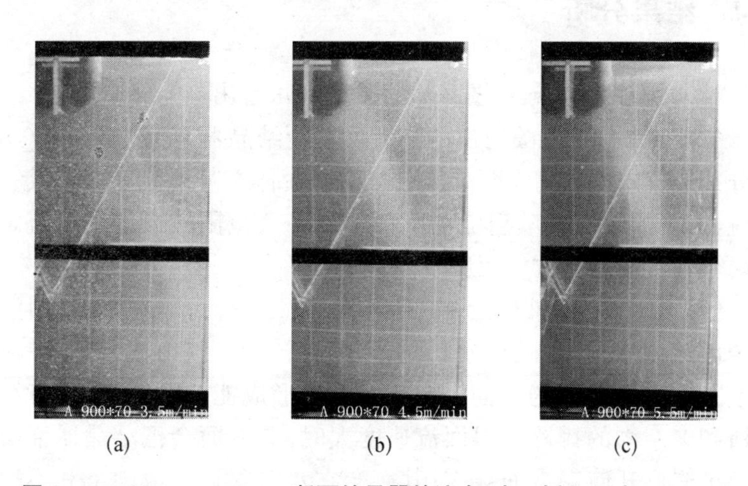

图 2－4　900 mm×70 mm 断面结晶器的流态(水口插入深度 150 mm)

(a) 3.5 m/min 拉速；(b) 4.5 m/min 拉速；(c) 5.5 m/min 拉速

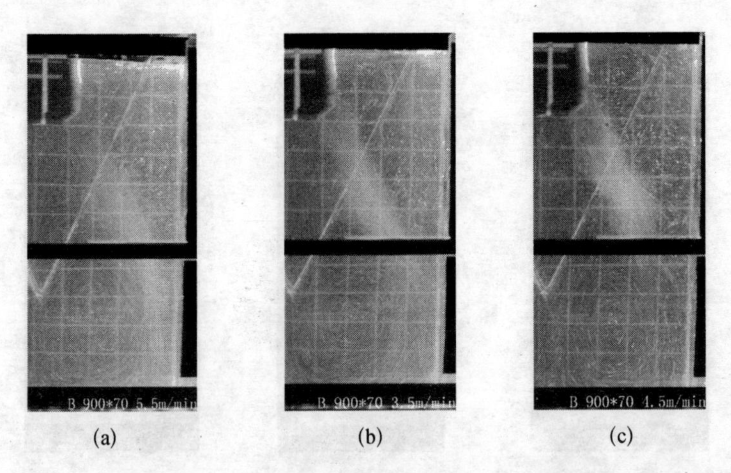

(a) (b) (c)

图2-5 900 mm×70 mm 断面结晶器的流态(水口插入深度 200 mm)

(a) 3.5 m/min 拉速;(b) 4.5 m/min 拉速;(c) 5.5 m/min 拉速

2.4 结果分析

对大断面结晶器,从图 2-2、图 2-3 可看出:

(1) 从水口侧孔喷射出的液流冲至距结晶器窄面 100～200 mm 处分叉形成向上和向下两个流股。向上流体在喷射流上面形成一个回流,向下的液流在喷射流的下面形成一个范围较大的大回流。上下两个回流的运动方向相反。

(2) 上部回流,液体沿结晶器窄面向上,到结晶器液面处沿液面从窄面流向水口,然后沿水口向下,部分被吸入喷射流,部分在喷射流上方返回结晶器的窄面。上部回流的形成能活跃钢液面,有利于化渣和夹杂物的排除。但回流速度大时,一方面会把结晶器窄面处的保护渣推开使钢液面裸露;其次会在水口附近形成向下和不稳定的旋涡,该漩涡是弯月面处钢水的水平流动(自结晶器窄边向浸入式水口方向)在浸入式水口处受阻,在水口边缘产生的绕流所导致的,因此会在水口附近产生卷渣现象。

(3) 随着拉坯速度的增加,本实验显示,铸流的冲击深度、喷射流速度和表面的回流速度明显增加。

(4) 随着水口插入深度的增加,铸流的冲击深度增加,上部的回流区域将增大,但结晶器液面的水平流速将降低,因而水口处的表面涡流减弱,这对防止表面卷渣有利。

对于小断面 (900 × 70 mm^2) 结晶器,从图 2-4 和图 2-5 可以看出:

(1) 从水口侧孔喷射出的液流直冲结晶器的窄面后,在喷射流的下方形成一个回流,但在喷射流的上面不形成回流。由此造成钢水浇注所带入的夹杂物不易上浮,同时液面处钢水流动速度缓慢(表现在结晶器液面很平静)。

(2) 水口的喷射液流直冲到结晶器的窄面使该处的初生坯壳受到剧烈冲刷,在高拉速时,漏钢的机率相比于大断面 (1 500 × 70 mm) 的情况将增大。

2.5 小结

综合上述试验结果及分析可以得出结论:

(1) 使用现行的水口,两种断面结晶器钢液的流态有很大区别。

(2) 窄断面应该有专门的浸入式水口,不能与宽断面共用。

(3) 要进一步优化浸入式水口结构,通过优化水口出口角度等手段使之满足高拉速的要求,特别满足窄断面高拉速的要求。

(4) 在窄断面专用浸入式水口未使用前,拉 900 × 70 mm^2 断面时,应注意结晶器中钢水表面保护渣的熔化性能,以及在高温高拉速时,铸流对铸坯窄边初始凝固壳的冲击作用,防止漏钢。

(5) 为减少结晶器内钢液不稳定的旋涡,改善其冶金过程,除优化浸入式水口结构外,还必须采用电磁制动等手段来达到进一步提高铸坯质量的目的。

第三章　EMBr对CSP结晶器内钢水流场的影响

3.1　钢水流动及电磁制动的数学与计算模型

关于钢水流动、湍流、冲刷和夹杂物颗粒运动等数学模型是建立在流体质量守恒方程、纳维-斯托克斯流动方程、能量守恒方程，以及$k-\varepsilon$湍流模型与麦克斯韦电磁场方程相互耦联基础上联立的非线性微分方程组。该方程组确立了连铸过程中钢水流动和电磁场作用的内在关系。文中采用空间-时间离散化及局部线性化等方法将上述微分方程组转变为非线性的代数方程组，再配合湖南华菱涟钢CSP连铸工艺设计所确定的边界和初始条件（如结晶器长度、断面尺寸，水口尺寸、插入深度、出流角度、钢水浇注的流量、铸坯的拉速、磁轭的位置和尺寸、结晶器-磁轭系统中心区域的磁感应强度等），利用总体迭代的压力修正法对该代数方程组进行求解，最终得出该连铸过程中钢水的流动行为和电磁制动的效果、钢水中夹杂物的运动趋势及其上浮和被铸坯凝壳吸附的比例等。

在对结晶器内钢液湍流场进行数学描述之前，作如下假定[126-128]：

（a）结晶器内流动为稳定的湍流（即数学模型所描述的是浇注、拉速、温度电磁场等工艺稳定的连铸过程）；

（b）本模型关注水口附近区域钢水的流动行为，及其对弯月面、夹杂物等影响，未考虑铸坯初始凝固问题。

据此假定，钢水流动和电磁制动的数学模型（方程）描述如下：

（1）流体的连续性方程：该方程表示流动是连续的，而流动物质

的总量是不变的，即不会增加也不会减少。

$$\nabla \cdot (\rho V) = 0 \tag{3-1}$$

(2) 流体的动量方程：该方程表示流体在运动中，其所受到的驱动力(如重力、电磁力等)、阻碍力(粘滞力和摩擦力等)、周边的压力以及运动的惯性力是相互平衡的。

$$V \cdot \nabla (\rho V) = \mu_e \nabla^2 V + \nabla p + F + \rho g \tag{3-2}$$

在上式中，μ_e 为湍流的有效粘性，本研究使用标准的 $k-\varepsilon$ 湍流模型方程计算；F 是电磁制动所形成的电磁力(在无电磁制动时，该力为零)。

(3) 依据洛伦兹定律，电磁力的表达式为：

$$F = J \times B \tag{3-3}$$

J 和 B 则为电磁制动的感应电流密度和电磁场的磁感应强度。

(4) 在电磁制动问题中，钢水切割磁力线所产生的感应电流密度 J 由欧姆定律计算：

$$J = \sigma(-\nabla \varphi + V \times B) \tag{3-4}$$

这里，磁感应强度取决于电磁制动工艺所决定的边界条件，与电磁制动电源的输出电流，感应线圈绕组形式及匝数，磁轭的位置、尺寸、长度等工艺和设备因素有关。

(5) 在电磁场中，电流还需满足连续性方程：该方程表示电流是连续不断的，在一段导体中电荷总数不会增加或减少(电荷流量不变)。

$$\nabla \cdot J = 0 \tag{3-5}$$

以上给出了 CSP 连铸中结晶器内钢水流动和电磁制动的数学模型，以下是求解上述模型(方程)的定解条件(边界条件和物理条件)。

(6) 流场的入口条件：该条件即浇注时水口的出流流量，此流量根据物质守恒定律按照连铸坯的截面尺寸和拉速得出，而水口处钢

水的入口速度 V_{in} 即为该浇注流量与水口出流孔的截面积之比,其方向由水口的出流方向确定。

(7) 钢水流动的湍流动能和其耗散率按文献[126,127]结果给出:

$$k_{in} = 0.01V_{in}^{2}, \varepsilon_{in} = \frac{2k_{in}^{1.5}}{d_{nozzle}} \tag{3-6}$$

(8) 结晶器内计算区域出口处所有变量的导数为零,这是流场充分发展的结果,亦为稳定的一维均衡流动条件。

(9) 在钢水液面(自由表面)和连铸坯的对称面上,垂直于该面上的速度为零,其它变量的导数值为零,即钢水微元体(分子团)不能够穿越此类界面。

(10) 结晶器壁面处,钢水的速度取无滑移条件,近壁处的湍流参量利用壁面函数[126]来计算。

(11) 浇注时随钢水注入氩气的体积分布条件为:浇口处的值根据气体流量和气体状态方程来计算;其它边界处均取导数为零条件(即气体不会向结晶器或铸坯凝固壳内扩散)。

(12) 电磁制动时,电势场 φ 的边界条件为:在对称面和自由面及出口处,其法向导数为零(即电势场不会穿越这些界面):

$$\frac{\partial \varphi}{\partial n} = 0 \tag{3-7}$$

而在结晶器壁面和铸坯的凝固壳上,则因为金属的导电性,可利用 Sterl 所提出的壁面函数[126]来计算:

$$\sigma\left(\frac{\partial \varphi}{\partial n}\right)_{w} = -\sigma_{w}[\nabla \cdot (t_{w} \nabla \varphi_{w})]_{\tau} \tag{3-8}$$

(13) 钢水流动方程的求解采用有限体积法,基于交错网格的压力修正法安排迭代次序,主网格节点数为 $48 \times 24 \times 102 = 117\,604$。

(14) 漏斗形结晶器内壁的几何曲面,由以下数学模型进行拟合,该拟合曲面确定了结晶器内钢水熔池的形状,钢水的流场即限定在

该拟合曲面和结晶器窄边所围成的空间

$$\begin{cases} y = 0.125 + \dfrac{0.55 - \dfrac{11}{170}z}{1 + \dfrac{(x-0.75)^4}{0.001}} & (z \leqslant 0.85\ m) \\ y = 0.125 & (z \geqslant 0.85\ m) \end{cases} \quad (\text{对于后壁面}) \tag{3-9-1}$$

$$\begin{cases} y = 0.055 - \dfrac{0.055 - \dfrac{11}{170}z}{1 + \dfrac{(x-0.75)^4}{0.001}} & (z \leqslant 0.85\ m) \\ y = 0.055 & (z \geqslant 0.85\ m) \end{cases} \quad (\text{对于前壁面}) \tag{3-9-2}$$

3.2 CSP 连铸中钢水流动和电磁制动的数值模拟

针对湖南华菱涟钢 CSP 装备和工艺，本文对其连铸中钢水的流动和电磁制动进行数值模拟，并在此基础上进行钢水浇注、流动、湍流、弯月面波动、卷渣，以及钢水对结晶器窄边或铸坯初凝壳冲击与冲刷强度等物理行为和过程进行分析。

钢水流动和电磁制动数值计算的主要参数如表 3-1 所示。

表 3-1 钢水流动和电磁制动数值模拟主要参数

结晶器和计算区域/mm	1 500（宽）× 70（厚）× 2 000（长）
水口端面尺寸/mm^2	160×40
水口插入深度/mm	100～200
钢水浇铸流量/(t/min)	3.4 （拉速 $V_C = 4.5$ m/min）
	4.2 （拉速 $V_C = 5.5$ m/min）
氩气注入流量/(m^3/s)	0
钢水密度/(kg/m^3)	7 000

续 表

钢水黏度/(N·s/m²)	1.78×10^{-3}
浇铸温度/℃	1 550
钢水的电导率/($\Omega^{-1}m^{-1}$)	1.7×10^{6}
电磁制动中心处磁感应强度/T	0.2(电源输出电流 240 A)
电磁制动磁轭的中心位置/mm	479(自结晶器顶端向下)
电磁制动磁轭处结晶器壁厚/mm	50

钢水流动和电磁制动数值模拟过程由图 3-1 所示。

本文关于钢水流动和电磁制动中一些物理现象和行为的模拟与分析方法如下:

(1) 钢水浇注和回流中,结晶器内上升流和下降流的流量分配,利用所观察(计算)的铸坯横截面的钢水垂直速度分布(该速度以向下为正),按下式计算得到。

$$\Delta Q = V_z \cdot \Delta S \Rightarrow \begin{cases} Q_{down} = \int_{S_1} V_z \cdot ds \quad (V_z \geqslant 0) \\ Q_{up} = -\int_{S_2} V_z \cdot ds \quad (V_z \leqslant 0) \end{cases} \tag{3-10}$$

而钢水总的流量为 $Q = Q_{down} - Q_{up} = V_c \cdot S$。这里 V_c 为拉坯速度,$S = S_1 + S_2$ 为铸坯的断面积。

(2) 对于钢水中涡流的位置,由计算所得的钢水流动速度分布图上直接观察,而涡流的强度则由该处涡动能的大小来表征。

(3) 钢水的表面涡流由弯月面区域钢水的水平流速和液面的偏流来决定,钢液表面的水平流速越大并出现偏流,则出现表面涡流的危险越大,同时液面卷渣越多。

(4) 电磁制动的效果,除定性地直接观察和比较连铸过程中钢水在有、无电磁场作用条件下流速、涡流、湍动能的分布外,本文还给出了采用上述条件下通过钢水的流速及湍动能的差进行分析的方法:

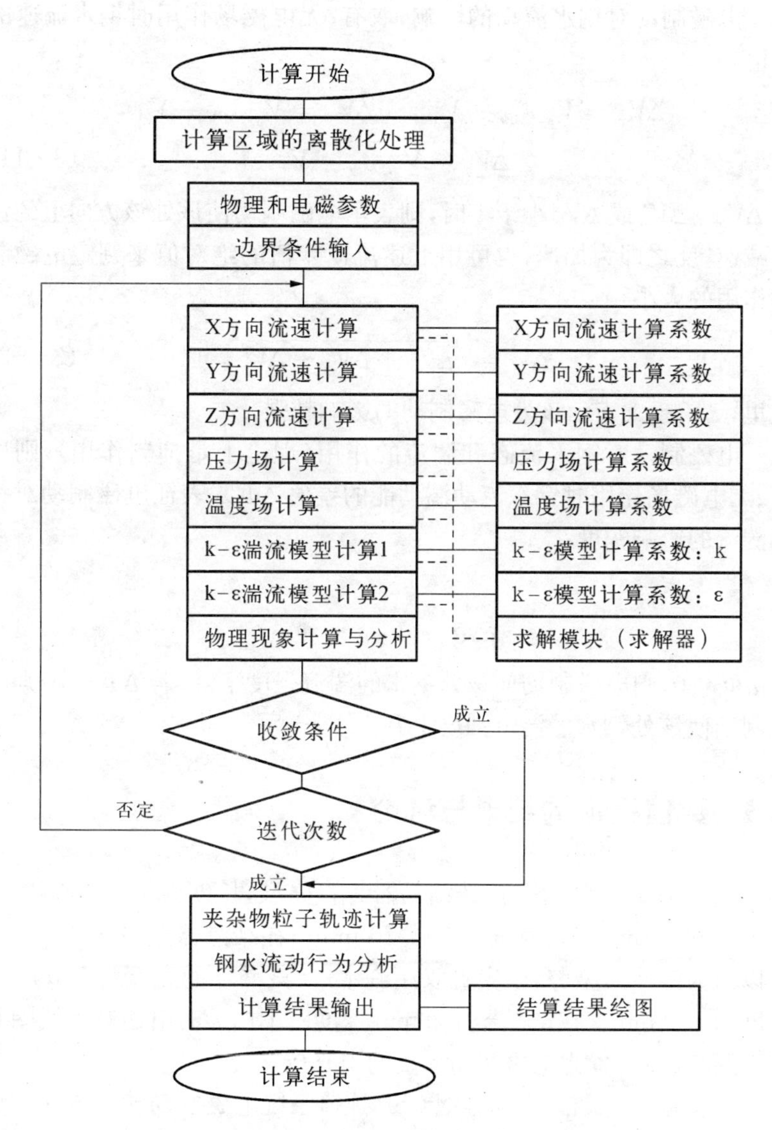

图3-1　钢水流动和电磁制动的数值模拟过程

电磁制动对钢水流动的影响，取有、无电磁场作用时钢水流速的差值，

$$\Delta V_x = V_{x,EMBr} - V_x,\quad \Delta V_y = V_{y,EMBr} - V_y,$$

$$\Delta V_z = V_{z,EMBr} - V_z \tag{3-11}$$

当 ΔV_x，ΔV_y 或 ΔV_z 小于零时，则表示电磁制动使该处该方向上的钢水减速，反之即为加速；也可用上述流速差值的绝对值来判定电磁制动作用的大小：

$$\Delta V = \sqrt{\Delta V_x^2 + \Delta V_y^2 + \Delta V_z^2} \tag{3-12}$$

这里，ΔV 越大表示该处电磁制动的影响越强。

电磁制动对钢水流态和湍流的作用（理论上是抑制作用），则取有、无电磁场作用时钢水流动湍动能的差值 $\Delta\Phi$ 来表征电磁制动对钢水湍流的影响幅度：

$$\Delta\Phi = \Phi_{EMBr} - \Phi \tag{3-13}$$

若 $\Delta\Phi < 0$，则电磁制动使该处钢水的湍流强度下降；若 $\Delta\Phi > 0$，则电磁制动使该处钢水的湍流强度上升。

3.3 数值模拟的结果与讨论

湖南华菱涟钢 CSP 连铸结晶器为直立型，长度为 1.1 m，宽度为 900～1 600 mm，出口厚度为 50～70 mm。在结晶器上段 850 mm 深度以内为漏斗形型腔，以安置双注流水口，该漏斗的宽度为 880 mm，厚度为 180 mm。在结晶器 479 mm 深度范围内装有电磁制动线圈和磁轭系统（该位置为电磁制动系统的中心位置）。

本文首先对湖南华菱涟钢 CSP 连铸系统电磁制动输入电流和结晶器中心区域磁感应强度关系进行了空载测定。这里，电磁制动所使用的磁场为直流电流所激发的静磁场，磁轭系统在实际生产条件

下有足够的水冷，使其温度保持在 300 ℃以下，故温度对电磁制动磁场的影响可以忽略。本文针对结晶器中面纵向中心线距结晶器顶端 479 mm 处(该位置对应于电磁制动磁轭区域的中心点)，采用特斯拉计进行实验测试，其测试的结果如表 3-2 和图 3-2 所示(表和图中磁通量 1 与磁通量 2 分别指 1# 与 2# 连铸机 EMBr 的磁通量)。

表 3-2 涟钢 EMBr 实测电流与磁通量关系

电流/A	磁通量1/高斯	磁通量2/高斯	电流/A	磁通量1/高斯	磁通量2/高斯
0	68	68	350	2 683	2 686
50	375	376	400	2 950	2 940
100	816	814	450	3 130	3 120
150	1 239	1 241	500	3 260	3 250
200	1 643	1 640	550	3 370	3 370
250	2 030	2 035	570	3 400	3 410
300	2 378	2 369			

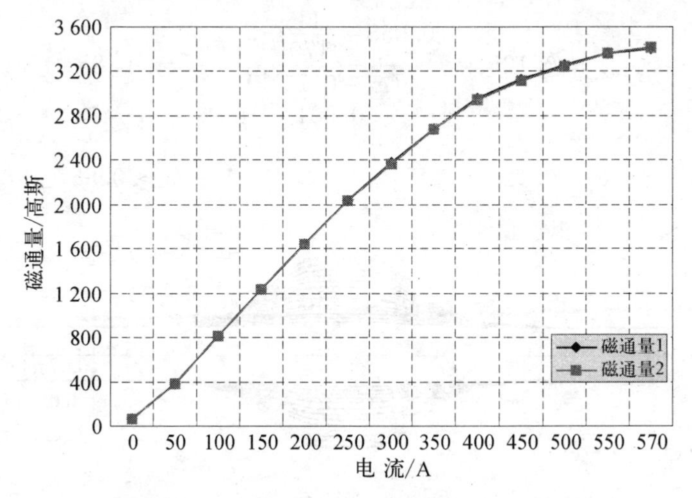

图 3-2 实测的结晶器中面磁场中心点磁感应强度与电磁制动电流的关系

由图可见,湖南华菱涟钢 CSP 连铸机电磁制动系统输出电流与结晶器中心位置磁感应强度关系的曲线是随电流增加而上升的。以铸坯板宽 1 250～1 500 mm,拉速在 3.8～4.8 m/min,钢水过热度在 20～40 ℃范围内考虑,电磁制动系统的输入电流参考范围在 200～270 A。根据上述现场测试结果,在该电流范围内,结晶器中面纵向中心线上对应于磁场中心点的磁感应强度在 0.15～0.22 T。

本章模拟过程中所采用的工艺参数均选取湖南华菱涟钢 CSP 连铸生产的现场数据,即拉速 4.5 m/min,钢水过热度 30 ℃,水口插入深度 150 mm,连铸坯截面尺寸为 1 500 mm × 70 mm 等,结合 EMBr 空载磁场测试结果,将电磁制动输入电流定为 238 A,结晶器中心部位的磁感应强度约为 0.2 T。

在连铸钢水流动计算时,首先要准确给出描述结晶器内模形状的曲面函数或方程。按曲面方程(3-9-1)和(3-9-2)通过反复模拟和拟合,得到可以正确反映湖南华菱涟钢 CSP 连铸结晶器内模形状的曲面(见图 3-3)。最终获得如表 3-1 所示的数值模拟基本参数。

$$y = 0.125 + \frac{0.055 - \frac{11}{170}z}{1 + \frac{(x - 0.75)^4}{0.001}}, \qquad z \leqslant 0.85$$

$$y = 0.125, \qquad z > 0.85$$

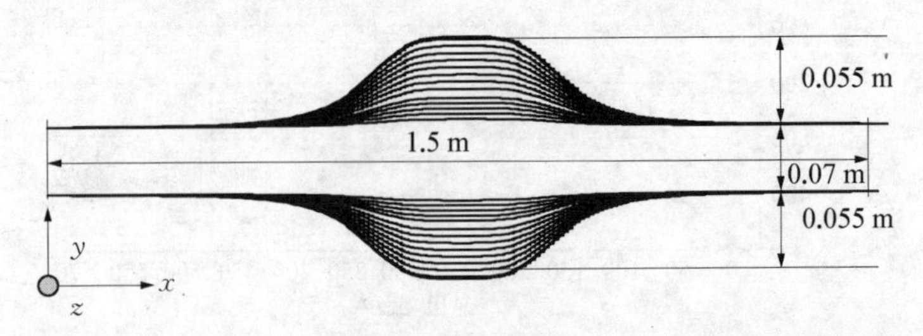

图 3-3　用于拟合结晶器内壁形状的曲面模型及拟合效果

$$y = 0.055 - \frac{0.055 - \frac{11}{170}z}{1 + \frac{(x-0.75)^4}{0.001}}, \qquad z \leqslant 0.85$$

$$y = 0.055, \qquad z > 0.85$$

3.3.1 无电磁制动时钢水的流动

图 3-4 为钢水液面和结晶器上部钢水水平流动速度分布的矢量图。由图可见，无电磁制动时，结晶器上方回流的钢水在液面处水口

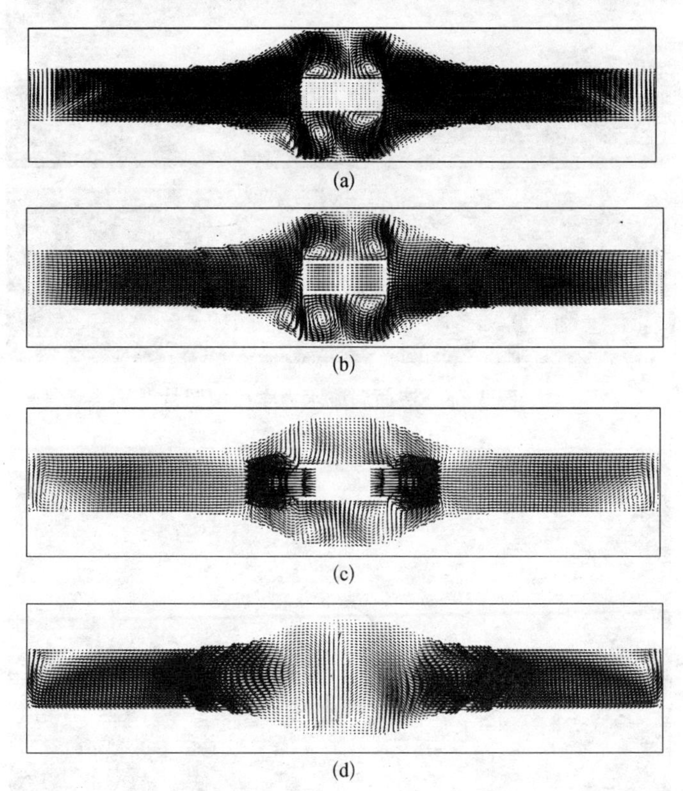

图 3-4 无电磁制动时结晶器内不同水平截面的钢水流场

（各截面的位置分别为液面以下：(a) 0 m，(b) 0.05 m，(c) 0.15 m，(d) 0.28 m）

两边受到阻碍而产生绕流，进而在水口处发生涡流，该涡流在第二章水模拟实验中也曾出现，其表现为不稳定的涡流，并因此形成沿水口两侧的液面卷渣，见图 3-5 和图 3-6。

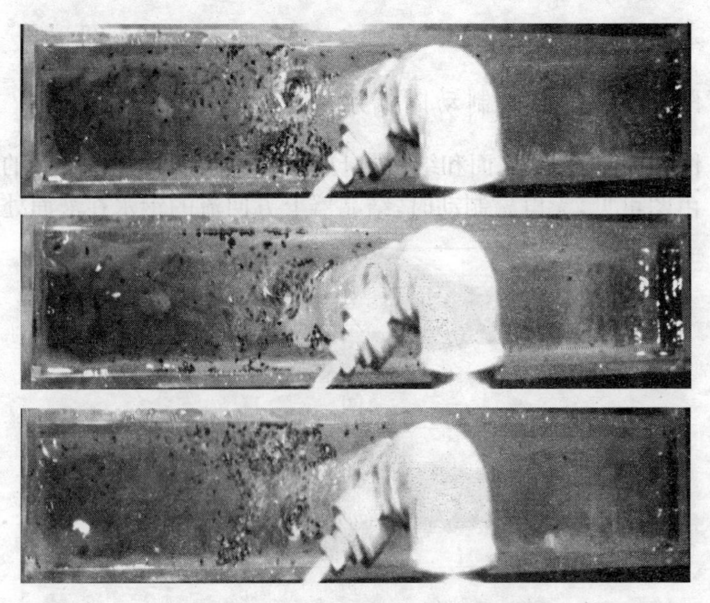

图 3-5　液面涡流水力学模拟照片

(a) 液面涡流卷渣水模拟结果1

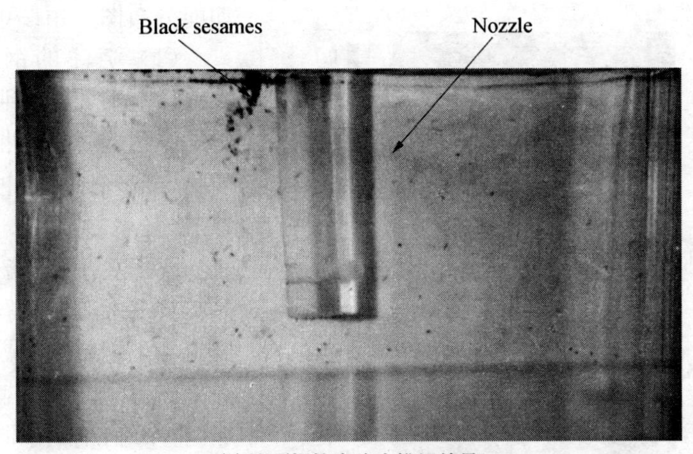

(b) 液面涡流卷渣水模拟结果2

图3-6　液面卷渣的水力学模拟实验

由以上计算和模拟实验结果来看，钢水中夹杂物颗粒的上浮主要依靠钢水注入结晶器后的向上回流来完成。而在无电磁制动时，钢水对结晶器窄边(侧壁)的冲击角度较小(该冲击角是指注流钢水与结晶器窄边的夹角，冲击角小即意味着注流钢水的冲击深度较深)。因此，上升回流的钢水量占浇注钢水总流量的比例较小，钢水中的夹杂物将大量地进入凝固坯壳，真正能够上浮的夹杂物颗粒是有限的。故对以CSP连铸为代表的薄板坯连铸来说，钢水的纯净主要靠精炼及精炼以前的工序来实现，细小夹杂物进入结晶器后很难上浮。

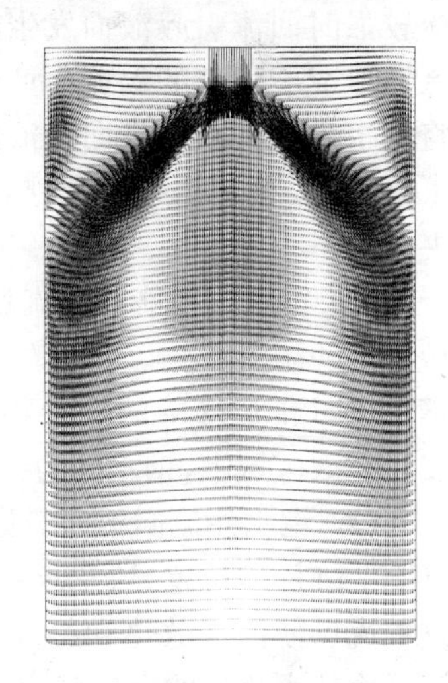

图3-7　无电磁制动时结晶器中截面内流场速度矢量分布

图3-7与图3-8分别为结晶器纵向中面流场的速度矢量分布图和湍

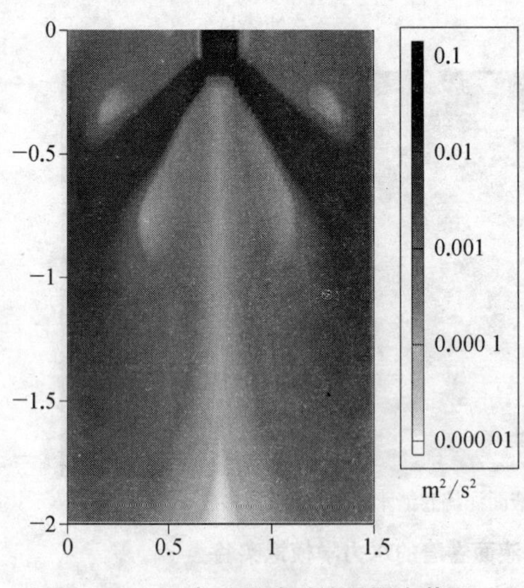

图 3-8　无电磁制动时结晶器中截面内流场的湍动能分布

动能分布图。由图可见：

（1）浇注的钢水由水口注入后，直冲到结晶器的窄边内壁，其冲击深度达 90 cm，最大冲击区域在钢水液面以下约 60 cm处；液流冲击到结晶器侧壁后被分解为上升流和下降流，形成冲击点上方和下方的漩流区域（整个结晶器内部区域共形成四个漩流区）。这里，上升的涡流（回流）将挟持部分钢水中的夹杂物浮上液面，但该涡流较强时回流引起液面发生较大的水平流动，进而会在液面的水口区域形成不稳定的涡流而产生沿水口两侧的卷渣；而向下的涡流会将钢水中的夹杂物卷向钢液深处，并在钢水湍流和凝固行为的作用下，使这些夹杂物难以上浮，最终被凝固界面吸收而形成铸坯内部夹杂。

（2）钢水湍动能对注流和结晶器窄边的冲击区域最大，在上述区域钢水的湍流最强。它强烈表现为钢水流动方向和速度极不稳定，钢水流团和其挟持的夹杂物颗粒运动轨迹呈螺旋线或其它复杂曲线。在该区域中，钢水内的夹杂物颗粒是无法直接上浮的。

（3）钢水注流向下回流区域，在不考虑凝固时，一直延伸到液面下 1.8 m 深度位置，这意味着在整个结晶器内钢水都处于环流状态。这种流场使钢水散热和凝固的热流输出变得不平衡和不稳定，给结晶器冷却水流量的合理分配带来困难，并在铸坯表面上（中心或边角处）易形成纵向热裂。

3.3.2 有电磁制动时钢水的流动

有电磁制动时，根据前述连铸工艺参数和测试的结晶器中心部位磁感应强度与电磁制动电流关系表，选择试生产的电磁制动电流为238 A，并由此确定结晶器中面上对应于磁轭中心线位置(距离结晶器顶面479 mm)的磁感应强度条件为 $B=0.2\ \mathrm{T}$。以此为边界条件，通过直流电磁场计算得到沿结晶器中面上的磁感应强度分布如图3-9所示。如此可知，电磁制动时，结晶器内部在其顶面向下0.30～0.66 m范围内有电磁场作用，电磁场的最大值在结晶器顶面下0.479 m处，其强度为0.2 T。当钢水通过该区域时，由于切割磁力线而产生与流动速度方向反向的电磁力

$$F=\sigma(-\nabla\phi+V\times B)\times B \qquad (3-14)$$

因此使钢水流动速度减慢。

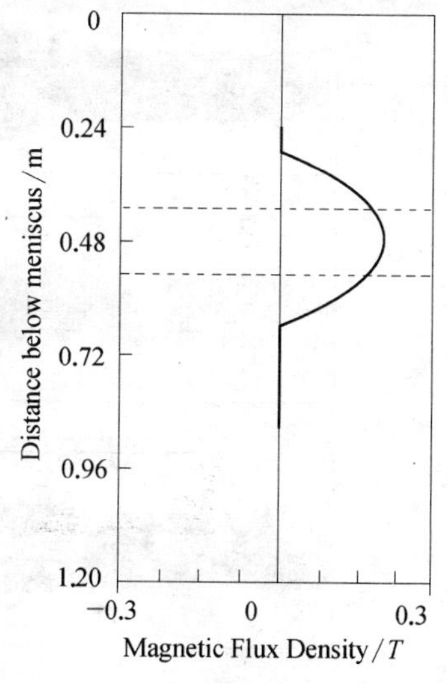

图3-9 结晶器中面上的磁感应强度分布曲线

图3-10为有电磁制动时钢水液面及结晶器上部区域钢水水平流动的速度矢量分布图。由图可见，在钢水液面水口两侧，钢水的水平流动同样会受到水口的阻碍而生产绕流，但与无电磁制动(图3-4)相比，此时钢水流动要比无电磁制动时均匀得多，其表现为在水口两侧没有因偏流而产生涡流，因而无沿水口外壁的卷渣现象。这是电磁制动使钢水流动稳定的结果。

图3-11和图3-12分别为结晶器内纵向中面流场的速度矢量分布图和湍动能分布图。由图可见，电磁制动后钢水流动的最大特点是浇注的钢水从水口注入后，不会直冲到结晶器的窄边内壁或铸坯初凝壳界面，而是在磁轭的区域即向上回流，这就降低或基本消除

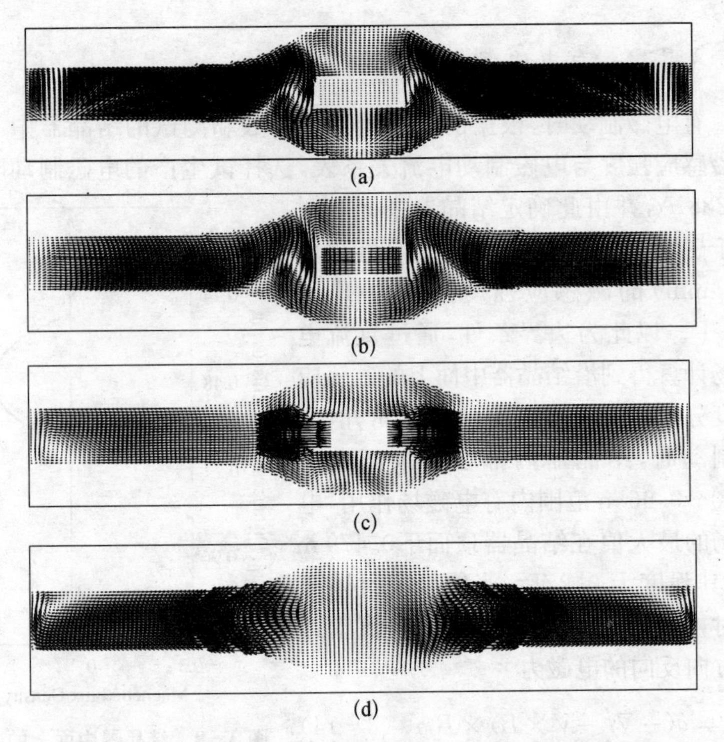

图 3-10　电磁制动时，结晶器内不同水平截面的钢水流场

（图中各截面的位置自液面向下：(a) 0 m，(b) 0.05 m，(c) 0.15 m，(d) 0.28 m）

钢水热流对铸坯初凝壳的热冲击。同时，钢水注流的冲击深度只达到液面以下 50 cm 处（比无电磁制动时钢水的冲击深度减小约 45%），并且通过磁轭区域在液面以下 70 cm 处钢水的流动方向变成垂直向下的稳定活塞流（一维层流），这种流型是连铸中钢水流动的最理想形态。另一方面，有电磁制动时，钢水的冲击角度变大，并且钢水中仅有上升回流，这使结晶器顶部左右两边所形成的漩流区中，钢水的回流较无电磁制动时的流量要大。该结果有利于上升的回流将钢水中的夹杂物带上液面。同时，磁轭区域以下钢水呈层流状态，也对钢水中夹杂物颗粒的上浮有利。此外，钢水湍动能的峰值区域由无电磁制动时的注流区和对结晶器窄边的冲击区缩减为钢水注流

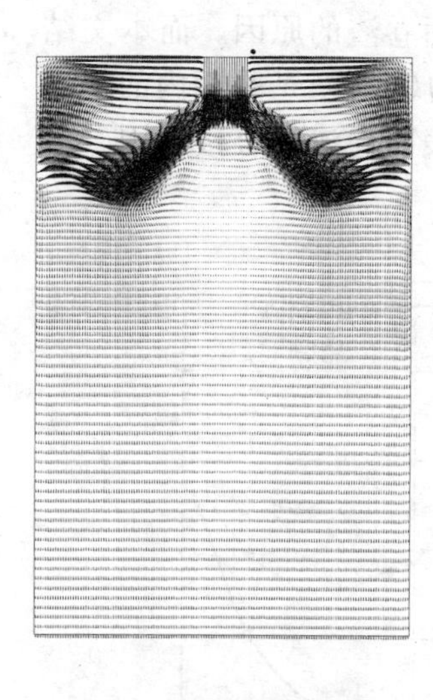

0
−0.5
−1
−1.5
−2
0 0.5 1 1.5
0.1
0.01
0.001
0.000 1
0.000 01

图 3－11　电磁制动时结晶器中截面内流场速度矢量分布

图 3－12　电磁制动时结晶器中截面内流场的湍动能分布(单位 m^2/s^2)

区域。这意味着采用电磁制动后使钢水的湍流区域减小，湍流强度降低。这些均有利于钢水中夹杂物上浮，进而提高铸坯质量和铸坯拉速。

3.3.3　有无电磁制动时钢水流态的比较

根据上述结果，比较有、无电磁制动时钢水流动的形式和状态，可以得到以下结果。

(1) 钢液表面水平流速的比较。

图 3－13 为有、无电磁制动时钢水表面水平流速的比较。由图可见，在施加电磁制动后，钢水表面的流速大幅度下降，其最大流速由无电磁制动时的 0.5 m/s 下降到 0.2 m/s，降幅达 60%。其结果是，在电磁制动条件下，钢水液面相对平静，没有出现沿水口向下的涡流，因而不易发生卷渣现象。过去人们认为钢水液面的波动(由 X－Z

平面内回流所产生的波浪)是发生钢水表面卷渣的原因。而本文结果显示,液面水平流速过大,同时在水口周边(由 X-Y 平面内的绕流所产生)钢水偏流所致的绕涡流也是钢水表面卷渣的直接原因。电磁制动可有效地防止上述表面涡流的形成。

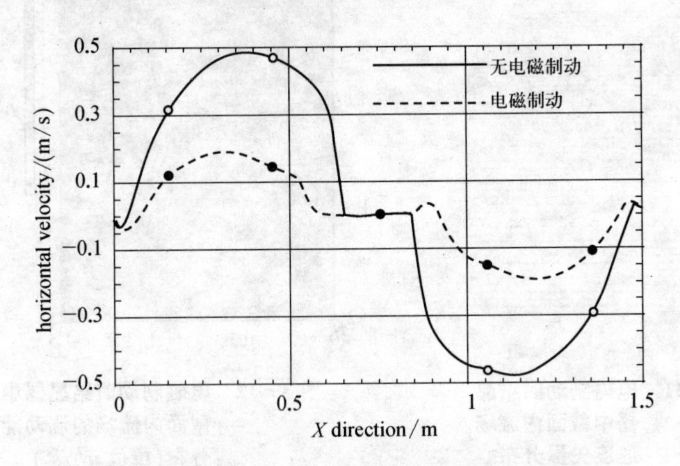

图 3-13　液面中心线上钢水的水平速度分布

(以钢水沿 X 方向流动为正)

(2) 钢水内部垂直流速的比较。

从图 3-7 和图 3-11 可知,在有、无电磁制动时,结晶器内钢水注流的冲击深度由 0.9 m 降到 0.5 m,使冲击深度降低 45%。另外,电磁制动下钢水流动的另一个特点是,注流区下方的回流区域缩减为注流边上两个小的回流(见图 3-11 注流下方),因此使钢水流动速度和方向迅速均匀化,使结晶器热流均匀分配,纵裂倾向大为降低。

图 3-14～图 3-16 分别为钢水内部 0.4 m,0.5 m 和 0.65 m 深度处的垂直(纵向)流速分布,图中以钢水向下(沿拉坯方向)流动为正。从图 3-14 可看出,在深度 0.4 m 处,钢水在结晶器中间和窄边部位有上升的回流区。无电磁制动时,结晶器窄边附近回流区的宽度为 0.17 m,其最大上升流速为 0.32 m/s;结晶器中部的回流区宽度为 0.4 m,最大上升流速为 0.25 m/s。当电磁制动时,结晶器窄边

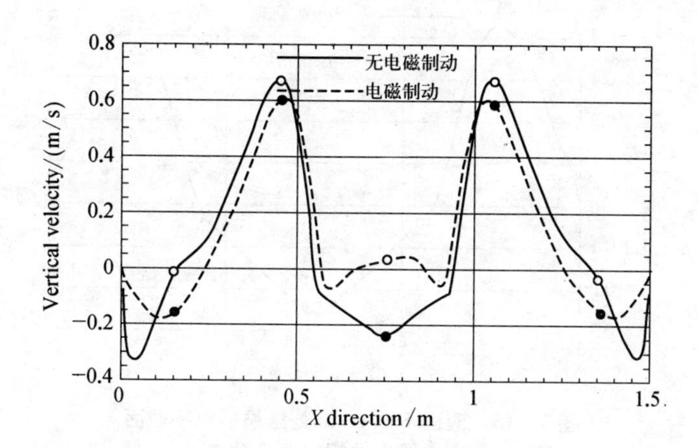

图 3-14　液面下 0.4 m 处结晶器水平截面中心线上的钢水速度分布

（以向下流动为正）

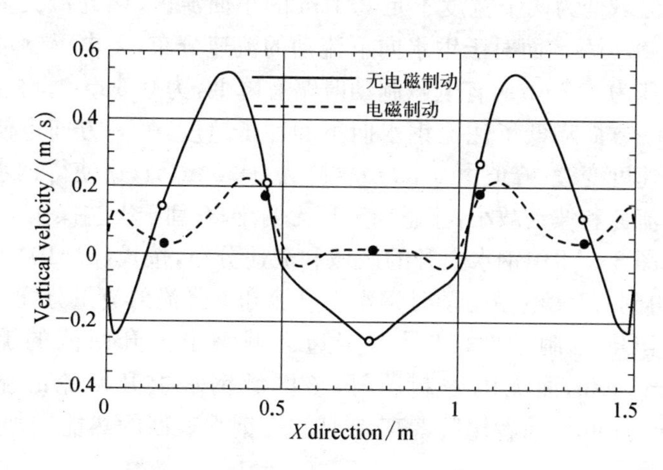

图 3-15　液面下 0.5 m 处结晶器水平截面中心线上的钢水速度分布

（以向下流动为正）

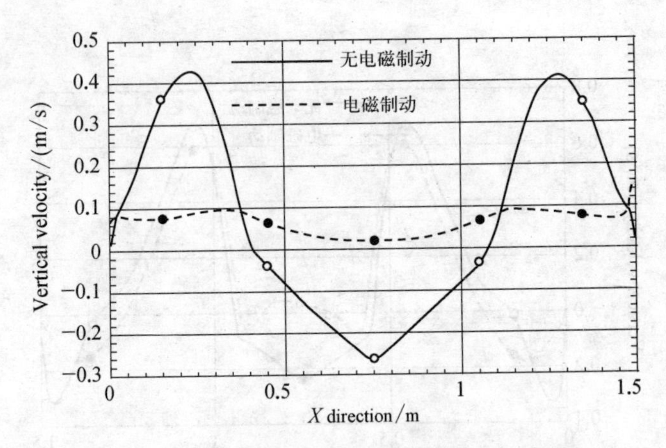

图 3-16　液面下 0.65 m 处结晶器水平截面中心线上的钢水速度分布

(以向下流动为正)

附近回流区的宽度为 0.25 m,其最大上升流速为 0.17 m/s;结晶器中部回流区域变为两个宽度不足 0.1 m 的小回流区,该处最大上升流速只 0.08 m/s。而对于钢水向下流动的流速分布,无电磁制动时其最大流速为 0.7 m/s,有电磁制动时略有降低,为 0.6 m/s。显然,电磁制动一方面降低了注流钢水向下的冲击速度,另一方面也使上升回流的速度变缓(峰值由 0.32 m/s 降为 0.25 m/s),这使得钢水液面的水平流速和波动减小,流态稳定且无偏流,有利于工艺操作。

由图 3-14 中钢水上升的区域和流速分布,按式(3-10)进行计算,可得到有、无电磁制动时钢水上升流和下降流的流量分配。结果显示:当电磁制动时,结晶器窄边区域钢水上升回流的流量为 0.238 m^3/min;而无电磁制动时,该区域钢水上升回流的流量为 0.228 m^3/min。前者比后者高 4.4%,使钢水表面的热能增加,对连铸化渣有利。

由图 3-15 可见,在 0.5 m 深度处,无电磁制动时,钢水在结晶器中间和窄边部位仍有大范围的(上升)回流区,其中结晶器窄边附近回流区的宽度为 0.12 m,结晶器中部回流区的宽度为 0.55 m,三个区

域最大上升流速均为0.25 m/s。而采用电磁制动，结晶器窄边处的回流区消失，结晶器中部两个小回流区的宽度与0.4 m深度处的情况一致，只是最大上升流速与前者相比略有下降，为0.05 m/s。另外，对钢水向下流速的分布，无电磁制动时其最大流速为0.55 m/s，有电磁制动时该值为0.23 m/s，均比0.4 m深度处的情况要小。

图3－16显示，在0.65 m深度处，有电磁制动时钢水已无(上升)回流区，且此时钢水向下的流速分布趋于平均($0.02\ m/s \leqslant V_{z,EMBr} \leqslant 0.10\ m/s$)，近似等于连铸的拉坯速度0.075 m/s，由此可知，在此深度及其以下，钢水流动已成为稳定的一维层流(活塞流)，这是连铸中的最佳流态。而对无电磁制动的情况，此时结晶器窄边处(上升)回流区已消失，结晶器中部回流区的宽度和最大上升流速分别扩大到0.7 m和0.26 m/s，呈现出大回流的流态分布。

以上结果综合为：

(i) 有电磁制动时，钢水回流增加，对液面化渣有利，且随钢水深度加大，其流动快速趋于平静，在0.65 m深度处已基本成为与铸坯拉速一致的一维(向下)层流。

(ii) 无电磁制动时，钢水呈现大回流形态。结合图3－7的计算结果，该回流可深达1.8 m。这意味着在实际生产中，钢水回流区将深达铸坯凝固前沿或凝固界面。

(3) 电磁制动所引起的结晶器内钢水流动速度的变化。

图3－17给出的是施加电磁制动后所引起的结晶器内钢水流速的改变情况。由图可知，流速变化最大的区域是钢水的注流末段，其流速的最大降幅达0.7 m/s。

(4) 电磁制动所引起的结晶器内钢水湍流动能的变化。

图3－18给出了施加电磁制动后所引起的结晶器内钢水流动湍动能的改变情况。图中$\Delta k = k_m - k$为施加电磁制动后钢水湍动能与未施加电磁制动时钢水湍动能的差值。在理论上，湍动能的大小表征某处金属流场发生湍流的可能性和湍流的强度。由图可见：

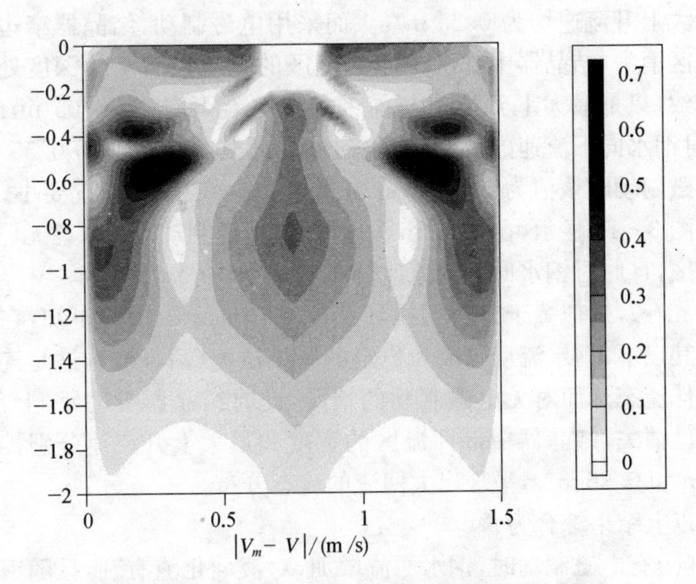

图 3-17　有/无电磁制动时钢水流动速度的变化

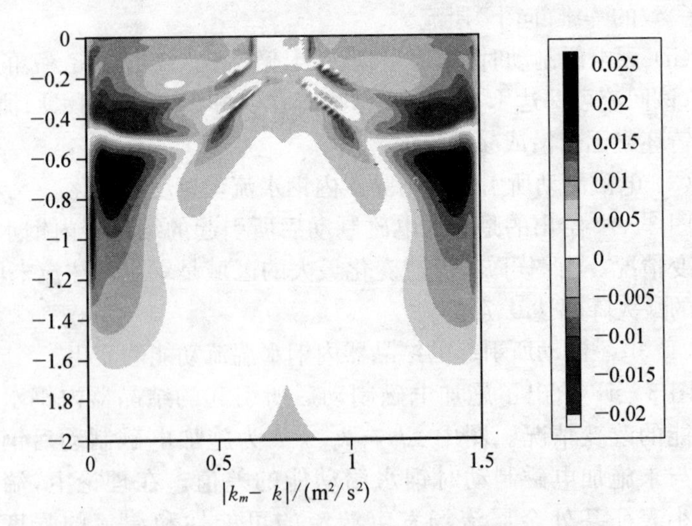

图 3-18　有/无电磁制动时钢水流动湍流动能的变化

(i) 使用电磁制动后，结晶器内弯月面、上升流、下降流等大部分区域的湍动能都下降，显示上述区域发生湍流的概率和强度均减小。这有利于该处钢水流动的稳定和钢液中夹杂物颗粒的上浮。

(ii) 在钢水注流末段的局部区域中，即钢水注流分解为上升和下降两个环流的核心处，钢水的湍动能是上升的，环流中心区湍动能的最大增幅为 25%。它表明在该区域会形成夹杂物颗粒的聚集。

3.4 结晶器内钢水液面波高的现场测试及分析

为掌握 EMBr 对减少结晶器内钢水液面的波动情况，在湖南华菱涟钢 CSP 连铸现场进行了液面波动对比试验。

3.4.1 试验条件

湖南华菱涟钢 CSP 连铸于 2004 年 9 月安装调试了 EMBr，2004 年 10 月正式投入使用。它采用 ABB 公司的第二代产品——窗口式尺型电磁制动，在水口下整个宽面上都有磁场，电磁制动线圈由两个线圈绕组构成，它连同铁心和磁轭组成一磁路，这些磁轭围绕结晶器和两个铁心相连，此线圈绕组按电力学方式顺序相连，电磁线圈在弯月面下 200 mm 处，在结晶器内不吹氩。

3.4.2 实验方法

实验方法有两种：其一是将薄钢片插入钢水中，观察其熔融边界形状；其二是采用由西马克公司提供的与 CSP 连铸配套的 TCS-MLC(Technology Control System-Mould Level Control，即结晶器液面控制系统)来获得通过 Co60 液位探测装置测到的液面波动的波谷、波峰数据，进行对比分析。

(1) 薄钢片对比实验

将一块 0.2 mm 厚的非磁性窄钢片插入正在浇铸的结晶器内

(插入的位置位于结晶器窄面的中心,并平行于结晶器的宽面)2秒后取出,通过该薄钢片熔融边界的形状可以得出平行于结晶器宽面中心对称面上的钢水液面形状。测量结果见图3-19~图3-22,其中图3-19与3-20是同一炉钢在无、有EMBr时的测试结果,图3-21和3-22则为另一炉钢无、有EMBr时的测试结果。

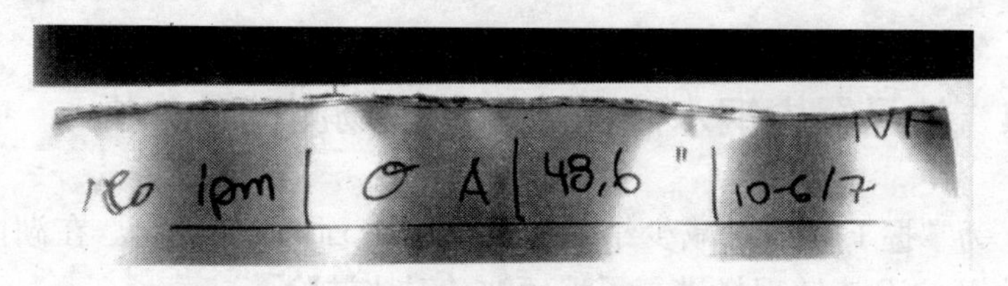

图3-19 无EMBr时结晶器液面的测试边界

(板宽1 250 mm,拉速4.6 m/min)

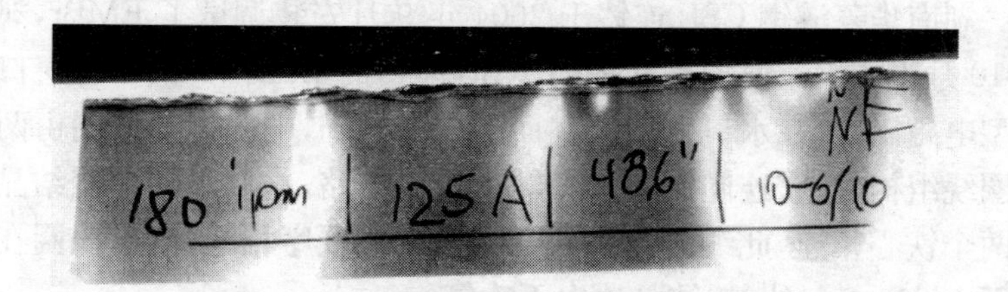

图3-20 有EMBr时结晶器液面的测试边界

(板宽1 250 mm,拉速4.6 m/min)

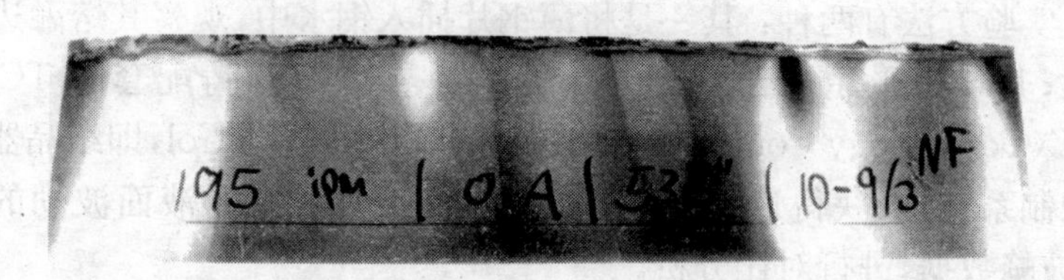

图3-21 无EMBr时结晶器内钢水液面的测试边界

(板宽1 360 mm,拉速4.95/min)

图 3-22　有 EMBr 时，结晶器内钢水液面测试边界

（板宽 1 360 mm，拉速 5.08 m/min）

(2) TCS-MLC 数据对比

本实验按以下过程进行：在同一炉钢、同一拉速浇注过程中，前 10 min 开通 EMBr，之后关闭 EMBr 10 min，在开通与关闭 EMBr 的时间内，选连铸工艺稳顺的时段各取 5 min，每隔 0.5 min 通过 TCS-MLC 采集的数据来获得结晶器内钢液波动的情况，汇总于表 3-3。

表 3-3　有无 EMBr 波谷、波峰情况对比/mm

炉次	炉 号	有 EMBr 平均		无 EMBr 平均		有 EMBr 与无 EMBr 比	
		波 谷	波 峰	波 谷	波 峰	波谷平均减少	波峰平均减少
1	5341170	2.38	2.37	3.16	2.89	0.78	0.52
2	5101209	2.94	2.72	3.20	2.97	0.26	0.25
3	5341171	2.68	2.32	2.98	3.04	0.30	0.72
4	5101235	2.96	3.12	3.38	3.19	0.42	0.07
5	5341178	2.86	2.52	3.05	3.18	0.19	0.66
6	5101236	2.45	2.60	3.60	2.98	1.15	0.38
7	5341249	2.71	2.71	2.75	2.71	0.04	0
8	5341252	2.79	2.55	3.67	3.77	0.88	1.22
9	5101300	2.65	2.53	2.94	2.61	0.29	0.08
10	5341256	2.95	2.74	3.53	2.79	0.58	0.05
11	5221275	2.76	2.63	3.43	3.15	0.67	0.52
12	5101302	2.87	2.70	3.34	3.24	0.47	0.54
13	5341538	2.79	2.99	3.04	3.04	0.25	0.05

续 表

炉次	炉号	有 EMBr 平均		无 EMBr 平均		有 EMBr 与无 EMBr 比	
		波谷	波峰	波谷	波峰	波谷平均减少	波峰平均减少
14	5101611	3.46	3.46	6.05	5.34	2.59	1.88
15	5221585	2.96	2.88	3.51	3.15	0.55	0.27
16	5341542	2.82	2.88	3.33	3.55	0.51	0.67
17	5221584	2.76	2.76	4.05	2.99	1.29	0.23
18	5341543	3.13	2.72	3.32	3.11	0.19	0.39
19	5221587	2.82	2.97	4.21	4.49	1.39	1.52
20	5101600	2.45	2.45	2.80	2.52	0.35	0.07
21	5101602	3.07	2.70	3.41	3.30	0.34	0.60
22	5101604	2.79	2.49	2.79	2.71	0	0.22
23	5101601	2.76	2.66	2.79	2.77	0.03	0.11
平均		2.82	2.72	3.41	3.20	0.59	0.48

由表 3－3 可知：使用 EMBr 与不使用比，波谷平均减少了 0.59 mm，减少了 17.3%；波峰平均减少了 0.48 mm，减少了 15%。

3.4.3 试验结果分析

由图 3－20 与图 3－19 比、图 3－22 与图 4－21 比可知，有 EMBr 时，结晶器内钢水液面明显比无 EMBr 时要平坦，说明使用 EMBr 可明显减少弯月面钢水波动，这与数值模拟结果“有电磁制动时钢水表面水平流速降低，不形成液面漩涡”是一致的。

使用 EMBr 与不使用比，波谷和波峰的减少，说明使用 EMBr 有利于提高钢水流动的稳定性，验证了数值模拟中“电磁制动引起的结晶器内钢水流速的改变，使结晶器内弯月面、上升流、下降流等大部分区域的湍动能下降，上述区域发生湍流概率和强度减小”的结论。

3.5 小结

- 本文结果显示，液面水平流速过大，同时在水口两侧钢水偏流，所形成的绕流涡流是钢水表面卷渣的直接原因之一。

- 无电磁制动时，在钢水液面水口两边易发生涡流，形成卷渣；钢水对结晶器窄边（侧壁）的冲击角小，冲击深度大，上升回流小，对液面化渣不利，且钢水中夹杂物颗粒几乎无上浮能力。同时，钢水注流的向下回流区域很大，整个结晶器内钢水都处于环流状态，使钢水凝固和散热不平衡和不稳定，给结晶器冷却的合理配水带来困难，易形成纵向热裂。

- 有电磁制动时，钢水液面的水平流速明显下降（最大下降60%），且无偏流，水口两边无涡流卷渣现象；钢水注流的冲击深度比无电磁制动时减小45%，并在液面以下50～70 cm处发展为稳定的一维层流，有利于提高铸坯质量和拉速；同时，钢水在结晶器窄边的回流流量增大（比无电磁制动时增加4.4%），有利于夹杂物上浮和表面化渣。

- 电磁制动引起结晶器内钢水流速改变，流速变化最大的区域是钢水的注流末段，其最大降幅达0.7 m/s。同时，结晶器内弯月面、上升流、下降流等大部分区域的湍动能下降，上述区域发生湍流的概率和强度均减小，有利于提高钢水流动的稳定性和钢水中夹杂物颗粒的上浮。

- 薄钢片测定对比结果表明，有EMBr时结晶器液面波动面明显比无EMBr要平坦，说明使用EMBr可明显减少弯月面钢水的波动。

- 使用EMBr与不使用相比，波谷平均减少了0.59 mm，减少了17.3%；波峰平均减少了0.48 mm，减少了15.0%。

- 数值模拟、现场薄钢片实验和MMS - MLC实测数据都显示EMBr有利于提高钢水流动的稳定性。

第四章　EMBr 对 CSP 结晶器内夹杂物运动的影响

4.1　结晶器内夹杂物颗粒运动的数学模型

应用颗粒三维运动方程分析连铸中夹杂物行为，根据文献[128]的研究结果，在建立数学模型时作如下假设：

(1) 钢水的湍流是稳定的，其时均的结果不随所“观察”时刻和时间的长短而变化；

(2) 夹杂物颗粒是很小的球体，它随钢水流动而运动，但不影响钢水流动；

(3) 不考虑夹杂物颗粒的聚合、长大和碎裂；

(4) 随钢水浇注所注入的氩气泡，可通过改变局部钢水的流场和湍流强度，影响到结晶器内夹杂物颗粒的运动；

(5) 夹杂物一进入铸坯初凝壳前沿的固液两相区即被凝固壳所吸收；夹杂物颗粒浮到钢水液面(弯月面)即被去除。

在上述假定下，夹杂物颗粒运动的动力学方程为(方程左端为颗粒的质量和加速度，右端为颗粒所受到的合力)：

$$\frac{\pi}{6}\rho_p d_p^3 \frac{\mathrm{d}V_p}{\mathrm{d}t} = F_g + F_f + F_d + F_A + F_p + F_{part} + F_h \quad (4-1)$$

式中，

① F_g 为夹杂物颗粒的重力：

$$F_g = \rho_p \frac{\pi}{6} d_p^3 g \quad (4-2)$$

② F_f 为夹杂物颗粒的浮力：

$$F_f = \rho_l \frac{\pi}{6} d_p^3 g \tag{4-3}$$

③ F_d 为颗粒所受到的黏性阻力：

$$F_d = \frac{\pi}{8} C_d \rho_l d_p^2 (V_P - V) |V_P - V| \tag{4-4}$$

其中，V_p 和 V 分别表示颗粒的瞬时速度和颗粒中心位置未经干扰的流体速度，C_d 是颗粒的阻力系数，它由下式确定：

$$C_d = \frac{24}{\mathrm{Re}}(1 + 0.15\mathrm{Re}^{0.678}),\quad \mathrm{Re} \leqslant 1\,000 \tag{4-5-1}$$

$$C_d = 0.44 \quad \mathrm{Re} \geqslant 1\,000 \tag{4-5-2}$$

而 $\mathrm{Re} = \frac{\rho d_p |V_P - V|}{\mu_l}$ 为钢水运动的雷诺系数。

④ F_A 为颗粒附加质量力，这是考虑到加速或减速颗粒的同时也会使两侧体积为该颗粒体积一半的流体产生加速作用而形成的附加力：

$$F_A = \rho_l C_A \frac{\pi}{6} d_p^3 \left(\frac{DV}{\mathrm{d}t} - \frac{\mathrm{d}V_p}{\mathrm{d}t} \right) \quad （当 C_A = 0.5 时） \tag{4-6}$$

⑤ F_P 是流体加速时由颗粒两侧流体压力差引起的力，

$$F_P = \rho_P \frac{\pi}{6} d_p^3 \frac{DV}{\mathrm{d}t} \tag{4-7}$$

⑥ F_{part} 为夹杂物与钢水导电率的不同所引发的颗粒在电磁场作用下的分离力：

$$F_{part} = -\frac{3(1-\xi)}{4} \frac{\pi}{6} d_p^3 (J \times B) \tag{4-8}$$

若颗粒绝缘，则 $\xi = 0$，进而 $F_{part} = 0$。

⑦ F_h 是由颗粒加速或旋转时，在其两侧形成的漩涡所引起的Basset 力。Gardin 等发现，当颗粒直径小于 620 μm 时该项力可以被忽略[128]。由上述夹杂物颗粒的动力学方程，颗粒位置可由下式描述（x_p 是颗粒的坐标向量）：

$$\frac{\mathrm{d}x_p}{\mathrm{d}t}=V_p \qquad (4-9)$$

本文用 Runge-Kutta-Gill 法来求解运动方程（4－1）。假定颗粒的尺度（直径）为 5 μm、10 μm、50 μm 和 300 μm，所追踪的颗粒数为 100 到 400；时间步长取为 0.01 s，颗粒的追踪时间为 60 s（考虑到钢水在浇注 1 分钟后，应已达到凝固区）。

4.2 结晶器内钢水内部非金属夹杂物颗粒的运动

追踪颗粒在钢水中不同时刻的位置可以得到颗粒的运动轨迹，由此确定夹杂物颗粒上浮或者凝入铸坯的概率和比例。本文选择 5 μm、10 μm、50 μm 和 300 μm 尺度的夹杂物颗粒进行对比实验。所用的计算模型为前面式（5－1）～式（5－9），模拟实验过程中分别“取”上述粒径尺寸的夹杂物颗粒 100 个，随机“放入”浇注水口，随钢水进入结晶器，观察其在结晶器中前 60 s 的运动轨迹，以此来统计该尺度颗粒在结晶器内上浮或进入凝固坯壳的数量和比例。

图 4－1 为上述尺度的颗粒在结晶器内前 60 s 的运动路线（图中只画出了 25 个颗粒的轨迹）。

由图 4－1 可知：

(a) 为无电磁场作用的情况，此时颗粒由水口进入结晶器后随钢水直入下旋区域，在回流区环绕若干圈后全部或绝大多数进入铸坯的初凝壳，但也有一些颗粒在下部回流区螺旋运动后再次进入水口射流区，然后进入上部回流区或上浮至表面，而上部回流区或表面的颗粒也有部分随水口两侧的不稳定表面涡流再次被卷入下部回流区。

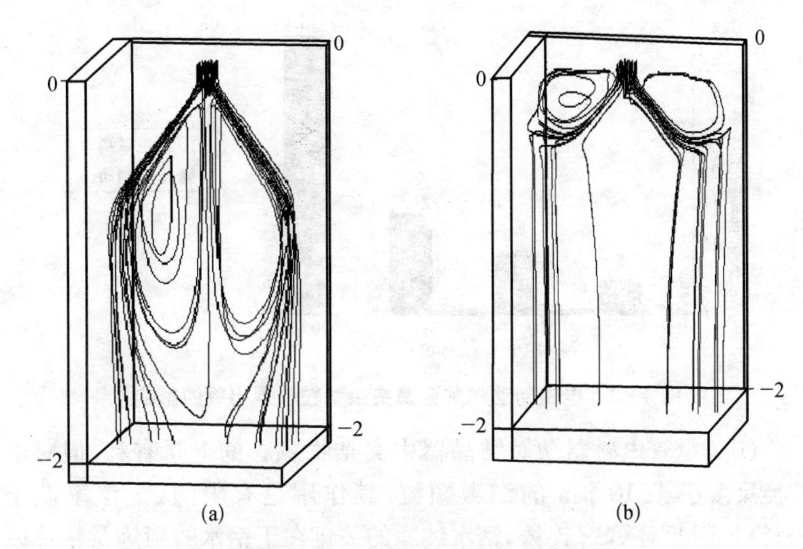

图 4-1　结晶器内 5 μm 的夹杂物粒子运动轨迹

(a) 无电磁制动，(b) 电磁制动

(b) 为电磁制动时颗粒的运动情况，此时颗粒由浸入式水口进入结晶器后，随钢水分流被分为两组，分别向上、向下两个方向运动，一部分上浮至表面或结晶器上部回流区，另一部分则下降到熔池底部被铸坯初凝壳所俘获。

4.3　夹杂物颗粒运动轨迹的统计结果

图 4-2 为上述夹杂物颗粒运动轨迹的统计结果。由图可见：

(i) 无电磁制动时粒径在 50 μm 以下的夹杂物颗粒，其上浮概率近似为零；粒径在 300 μm 的夹杂物颗粒，上浮的概率为 6%。

(ii) 有电磁制动时粒径为 5 μm、10 μm、50 μm 和 300 μm 的夹杂物颗粒其上浮概率分别为 4%、8%、13%和 38%。

(iii) 从上述结果来看，粒径尺度大的颗粒易于上浮；而粒径尺度小的颗粒则由于其比表面大而不易上浮。

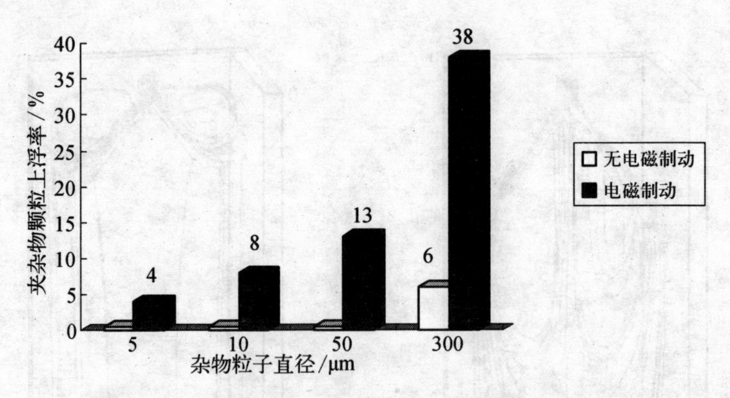

图 4-2 电磁制动对非金属夹杂物粒子浮出率的影响

(iv) 尽管电磁制动对结晶器中夹杂物颗粒的上浮有利,但对于粒径尺度小于 10 μm 的细微颗粒,其作用是有限的(上浮率低于 10%)。因此对 CSP 连铸,钢水纯净的关键在于钢水的精炼及精炼以前的工序。

4.4 现场试验

为验证 EMBr 去除夹杂物颗粒的效果,在涟钢 CSP 生产线进行了对比试验。

4.4.1 试验条件

试验钢的成分如表 4-1。

表 4-1 试验钢成分/%

钢种	[C]	[Si]	[Mn]	[P]	[S]	[Al]s	[Ca]	[O]	[N]
SPHC	0.045	0.033	0.220	0.014	0.003	0.028 9	0.004 2	0.032 5	0.005 4

本炉钢从开浇就使用 EMBr,其制动电流为 220 A,拉速为 4.5 m/min,中间包温度为 1 557 ℃,坯厚为 70 mm,拉第二块坯时取

样，取完样后关掉 EMBr，至拉第四块坯时再取样。在取到的两块样上，分别在其边部、至中心四分之一、中心处各割一个试样进行对比。

4.4.2 试验结果

4.4.2.1 显微夹杂

(1) 显微夹杂的形貌及组成

采用金相显微镜和扫描电镜，对 SPHC 钢在电磁制动时和无电磁制动时铸坯和板材显微夹杂的主要形貌和组成进行了检测，见表 4-2和表 4-3。

表 4-2 电磁制动时显微夹杂物形貌与组成

夹杂类型	形 貌	能谱成分/w_t%
铝酸钙类		CaO：48.87 Al_2O_3：44.49 MgO：5.93 SiO_2：0 CaS：0.57 K_2O：0.03 Na_2O：0.01 MnO：0
铝酸钙与铝酸镁共生类		CaO：19.27 Al_2O_3：59.8 MgO：17.81 CaS：0.54 SiO_2：2.48 K_2O：0.05 Na_2O：0.01 MnO：0.03
硫化钙和少量 Al_2O_3		CaO：1.01 Al_2O_3：8.82 MnO：0 MgO：0 CaS：88.64 SiO_2：1.53 K_2O：0 Na_2O：0
块状 Al_2O_3		CaO：0.67 Al_2O_3：95.91 MnO：1.85 MgO：0 CaS：0 SiO_2：1.57 K_2O：0 Na_2O：0

续表

夹杂类型	形　貌	能谱成分/w_t%
簇状Al_2O_3		CaO：7.32　Al_2O_3：89.38　MnO：0　MgO：1.46 CaS：0.06　SiO_2：1.76　K_2O：0.02　Na_2O：0
硫化钙		CaO：2.15　Al_2O_3：0　MnO：0.64　MgO：0 CaS：97.21　SiO_2：0　K_2O：0　Na_2O：0
硅酸钙		CaO：48.97　Al_2O_3：0　MnO：1.56　MgO：2.48 CaS：0.67　SiO_2：46.32　K_2O：0　Na_2O：0

表4-3　未电磁制动时显微夹杂物形貌与组成

夹杂类型	形　貌	能谱成分/w_t%
铝酸钙类		CaO：49.88　Al_2O_3：45.05　MnO：0　MgO：4.53 CaS：0.51　SiO_2：0　K_2O：0.02　Na_2O：0.01
铝酸钙与铝酸镁共生类	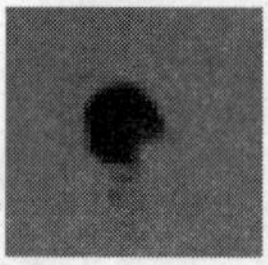	CaO：19.19　Al_2O_3：59.87　MnO：0.03　CaS：0 MgO：18.51　SiO_2：2.33　K_2O：0.06　Na_2O：0.01

续 表

夹杂类型	形 貌	能谱成分/w_t%
硫化钙和少量 Al_2O_3		CaO：1.42　Al_2O_3：9.61　MnO：0　MgO：0 CaS：87.32　SiO_2：1.65　K_2O：0　Na_2O：0
块状 Al_2O_3		CaO：0.21　Al_2O_3：96.68　MnO：1.62　MgO：0 CaS：0　SiO_2：1.49　K_2O：0　Na_2O：0
簇状 Al_2O_3		CaO：6.54　Al_2O_3：89.76　MnO：0　MgO：1.86 CaS：0.04　SiO_2：1.78　K_2O：0.02　Na_2O：0
硫化钙		CaO：2.53　Al_2O_3：0　MnO：0.71　MgO：0 CaS：96.76　SiO_2：0　K_2O：0　Na_2O：0
硅酸钙	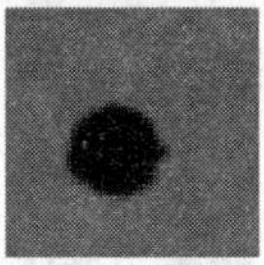	CaO：49.63　Al_2O_3：0　MnO：1.42　MgO：2.43 CaS：0.51　SiO_2：46.01　K_2O：0　Na_2O：0

由表4-2和表4-3可见，无论电磁制动与否，铸坯和板材显微夹杂形貌主要为圆形或近圆形，只有少量夹杂物为块状或簇状，见图4-3和图4-4。同时无论电磁制动与否，铸坯和板材显微夹杂主要组成为$CaO·Al_2O_3$、CaS、Al_2O_3、MnS、硅酸盐、铝酸钙与铝酸镁共生

类复合夹杂物。因此,电磁制动与否对显微夹杂形貌和组成没有明显影响。

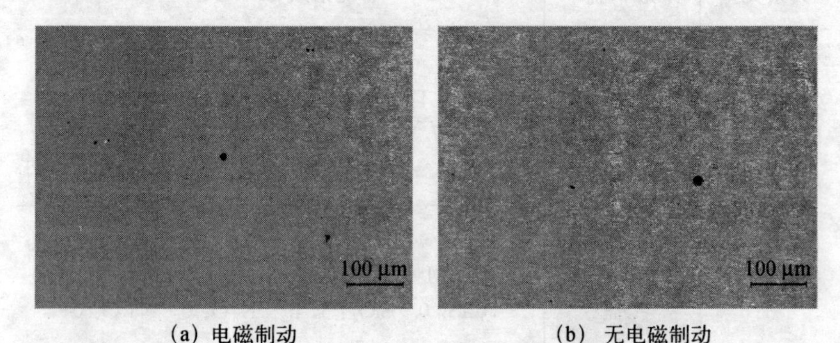

(a) 电磁制动　　(b) 无电磁制动

图4-3　SPHC钢铸坯典型显微夹杂物

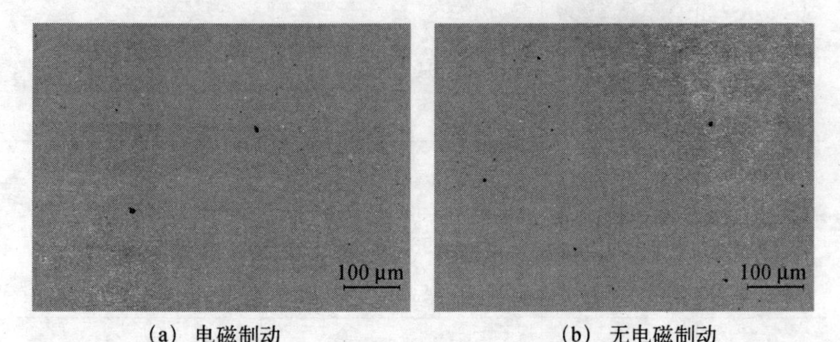

(a) 电磁制动　　(b) 无电磁制动

图4-4　SPHC钢板材典型显微夹杂物

(2) 显微夹杂的粒径分布

在有、无电磁制动时SPHC铸坯和板材显微夹杂的粒径分布见表4-4,SPHC铸坯显微夹杂的粒径分布平均值见图4-5。由图可见,电磁制动对SPHC钢铸坯显微夹杂物粒径分布没有明显影响。在电磁制动时,铸坯显微夹杂物个数由平均9.77个/mm^{2}降低到9.10个/mm^2,降低了6.9%;板材沿宽度方向显微夹杂物个数由9.84个/mm^{2}降低到9.13个/mm^2,降低了7.2%,板材沿轧制方向显微夹杂物个数由

10.02 个/mm^2 降低到 9.28 个/mm^2，降低了 7.4%。

表 4-4　SPHC 铸坯和板材的显微夹杂的粒径分布

样品序列号			夹杂物径粒分布/%					夹杂数个/mm^2
			<5/μm	5～10/μm	10～15/μm	15～20/μm	>20/μm	
1	1-1	b	78.4	15.2	3.2	2.8	0.4	9.26
		s	80.2	14.2	3	2.5	0.1	8.43
		z	79.1	14.2	3.5	2.7	0.5	9.42
	1-2	b	79.4	13.9	3.3	2.7	0.7	8.47
		s	78.4	14.8	3.9	2.6	0.3	7.60
		z	78.8	15.3	3.1	2.3	0.5	8.57
	1-3	b	78.0	14.6	3.9	2.9	0.6	10.58
		s	80.0	13.4	3.8	2.4	0.4	8.98
		z	78.9	14.5	3.6	2.3	0.7	10.67
	1号平均		79.02	14.45	3.48	2.58	0.47	9.10
2	2-1	b	77.1	15.2	4	2.9	0.8	9.64
		s	79.1	14.1	3.4	2.8	0.6	9.08
		z	78.4	15.0	3.7	2.4	0.5	9.28
	2-2	b	79.2	13.9	3.6	2.6	0.7	8.69
		s	79.0	13.8	3.5	2.7	1	8.49
		z	78.8	14.2	3.5	2.7	0.8	9.08

续 表

样品序列号			夹杂物径粒分布/%					夹杂数个/mm^2
			＜5 /μm	5～10 /μm	10～15 /μm	15～20 /μm	＞20 /μm	
2	2-3	b	78.0	15.1	3.4	2.9	0.6	11.85
		s	78.0	15.6	3.4	2.5	0.5	9.22
		z	77.6	15.4	3.7	2.6	0.7	12.64
	2号平均		78.37	14.70	3.57	2.67	0.69	9.77
成品样	1号宽度方向		81.1	13.6	2.7	2	0.6	9.13
	1号轧制方向		81.9	13.2	2.6	1.9	0.4	9.28
	2号宽度方向		81.5	13.4	2.8	1.8	0.5	9.84
	2号轧制方向		81.3	13.3	2.7	2.1	0.6	10.02

注：表中1和2分别表示有电磁制动和无电磁制动。b表示厚度方向的边部，s表示厚度方向的1/4处，z表示厚度方向的中部。

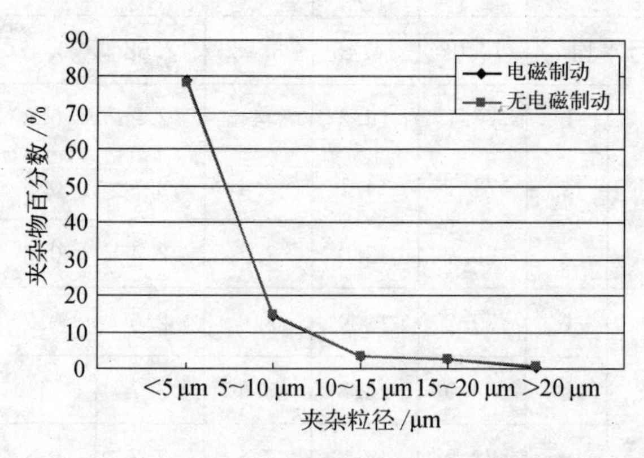

图 4-5 SPHC 铸坯显微夹杂粒径分布平均值

(3) 显微夹杂的数量

在 SPHC 铸坯样上于中部、1/4 处和边部各取一个样进行比较。

(a) 铸坯宽度方向

铸坯宽度方向显微夹杂物个数变化规律如图 4-6 所示。由该图可知,无论电磁制动与否,铸坯在宽度方向中部和边部显微夹杂物数量较多。比较电磁制动与否可看出:① 电磁制动时,其显微夹杂物个数均有所降低。② 在电磁制动时,在中部显微夹杂物数量降低幅度较大,由 11.24 个/m 降低到 10.08 个/mm^2,降低了 10.3%。③ 电磁制动时,铸坯沿宽度方向显微夹杂物数量的分布变得相对均匀。

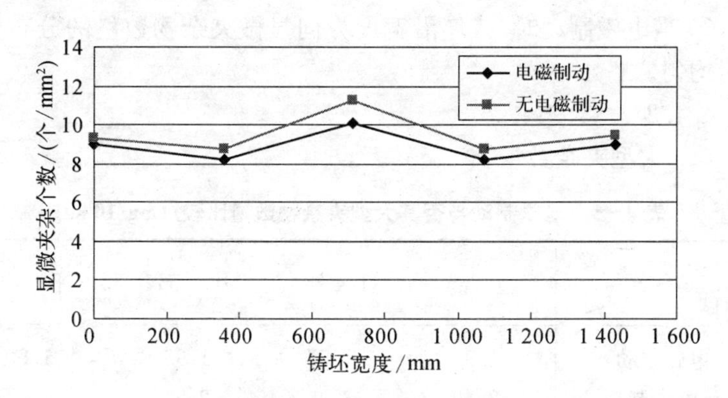

图 4-6　SPHC 铸坯宽度方向夹杂个数的变化

(b) 铸坯厚度方向

铸坯厚度方向显微夹杂物个数从内弧到外弧的变化如图 4-7 所示。从图中可以看出:夹杂物在铸坯两侧和中心部位都有峰值,说明夹杂在此聚集。由图 4-5 可见,无论电磁制动与否,铸坯在厚度方向中部和内外弧显微夹杂物数量较多。比较电磁制动与否可看出:

① 有电磁制动时,其显微夹杂物个数均有所降低。

② 实施电磁制动时,在中部显微夹杂物数量降低幅度较大,由 11.33 个/mm^2 降低到 9.53 个/mm^2,降低了 15.9%。

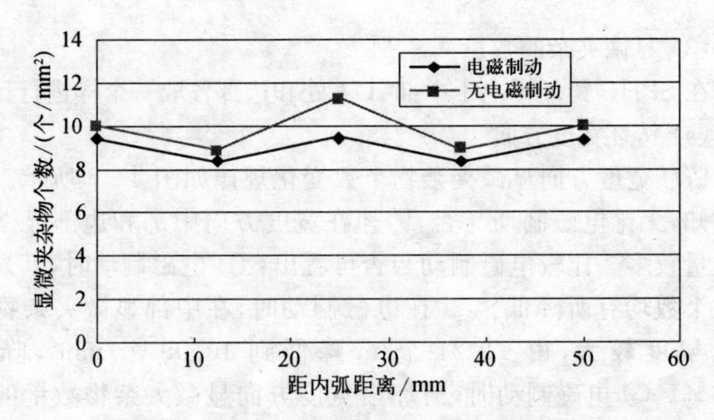

图 4-7 SPHC 铸坯厚度方向夹杂个数的变化

③ 当电磁制动时，铸坯沿宽度方向显微夹杂物数量的分布变得相对均匀。

4.4.2.2 大型夹杂

(1) 大型夹杂数量

表 4-5 电磁制动与否其大型夹杂物数量比较/(mg/10 kg)

项目＼位置	边 部	1/4处	中 部	平 均
电磁制动	1.88	1.87	1.96	1.90
无电磁制动	2.43	2.38	2.51	2.44
降低率	22.63	21.43	21.91	21.99

由表 4-5 可看出：未采用电磁制动时，铸坯中大型夹杂物含量(在所取的试样中)处于 2.38～2.51 mg/10 kg 范围内；采用电磁制动后，铸坯中大型夹杂物含量(在所取的试样中)则处于 1.87～1.96 mg/10 kg 范围内。这显示采用电磁制动后，铸坯中大型夹杂物的总量降低了 22%。

(2) 大型夹杂尺寸

对大型夹杂物的尺寸进行了统计，见表 4-6 和图 4-8。

表 4-6　电磁制动与否大型夹杂物数量比较/(mg/10 kg)

项　目	<200 μm	200～300 μm	300～400 μm	>400 μm
电磁制动	36.1	51.3	49.4	53.2
无电磁制动	24.4	61.0	70.8	87.4

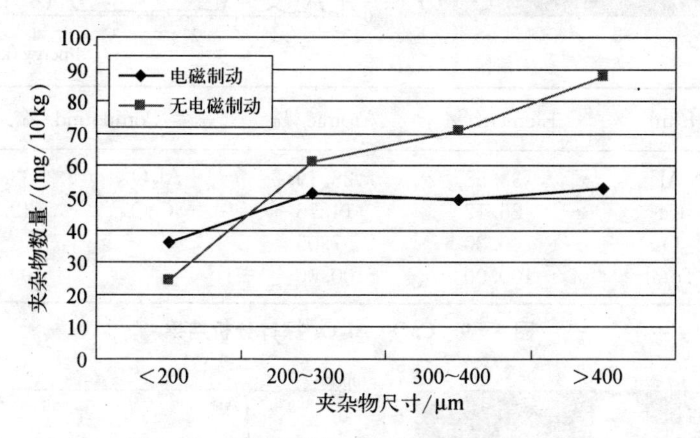

图 4-8　电磁制动与否大型夹杂物尺寸比较

统计结果表明：有电磁制动时，200～300 μm 尺寸夹杂由无电磁制动的 61 mg/10 kg 降到 51.3 mg/10 kg，降低了 15.9%；300～400 μm夹杂由无电磁制动的 70.8 mg/10 kg 降到 49.4 mg/10 kg，降低了 30.2%；大于 400 μm 的夹杂由无电磁制动的 87.8 mg/10 kg 降到 53.2 mg/10 kg，降低了 39.1%。这说明电磁制动对去除大型夹杂物颗粒的效果明显。

(3) 大型夹杂组成

探针分析结果表明，采用电磁制动与否 SPHC 大型夹杂物的主要组成均为 $CaO \cdot Al_2O_3$、镁铝尖晶石、$2CaO \cdot Al_2O_3$，见图 4-9～图 4-11。

在无电磁制动和有电磁制动时，典型的大型夹杂物形貌见表4-7和表 4-8。

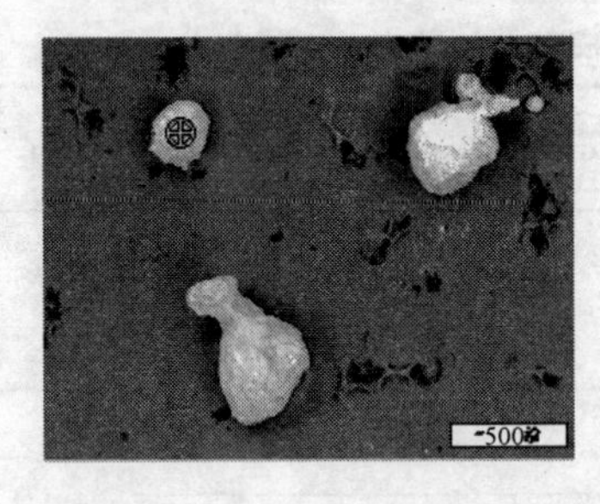

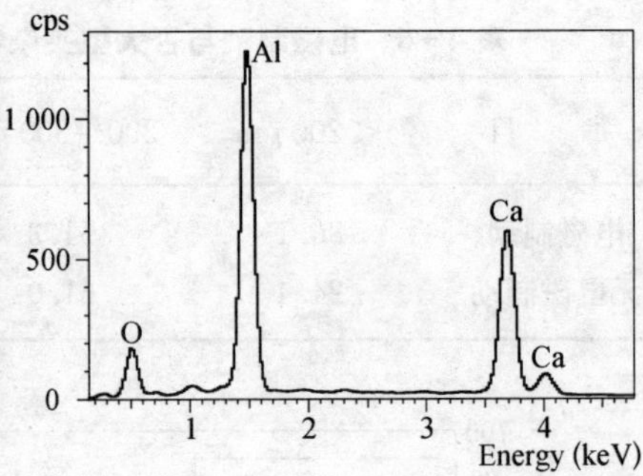

Elmt	Element/%	Atomic/%	Compound/%	
Al	33.58	28.19	Al_2O_3	63.45
Ca	26.12	14.76	CaO	42.55
O	40.30	57.05		
Total	100.00	100.00		100.00

图 4-9　CaO · Al_2O_3 探针分析结果

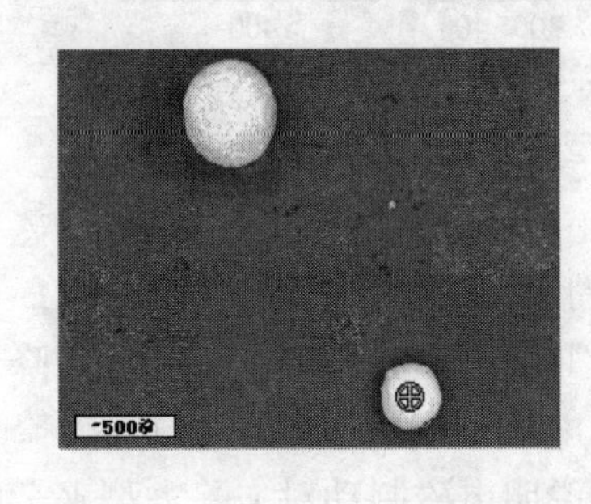

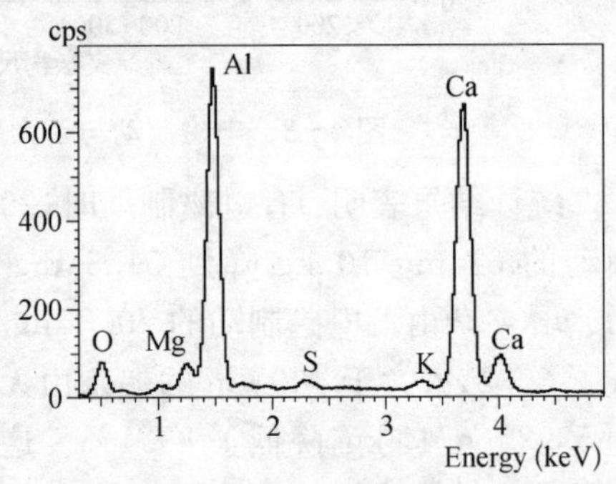

Elmt	Element/%	Atomic/%	Compound/%	
Mg	16.01	13.38	MgO	26.54
Al	38.88	29.29	Al_2O_3	73.46
O	45.11	57.32		
Total	100.00	100.00		100.00

图 4-10　镁铝尖晶石探针分析结果

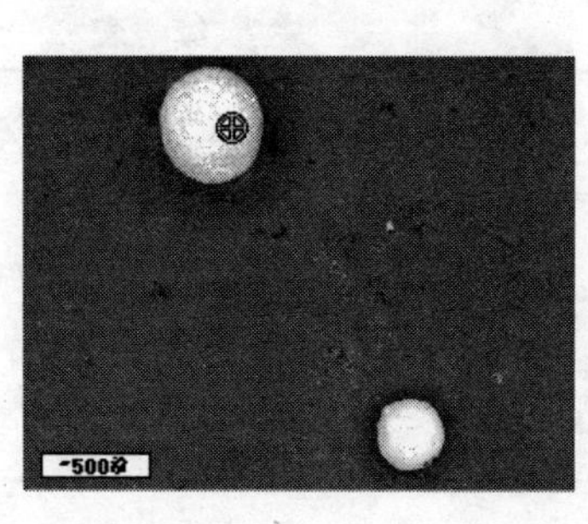

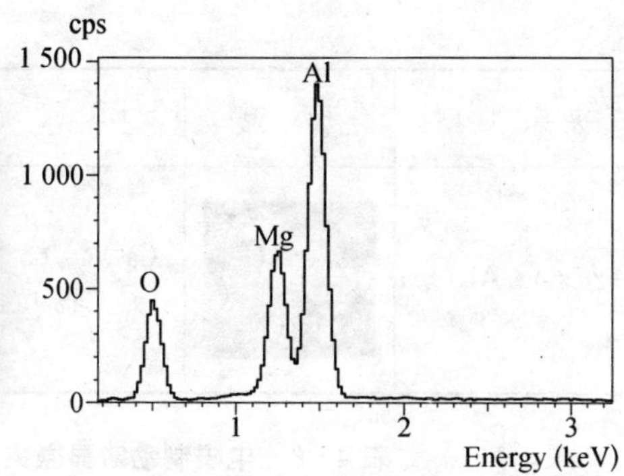

Elmt	Element/%	Atomic/%	Compound/%	
Mg	2.02	1.96	MgO	3.35
Al	25.17	21.98	Al_2O_3	47.57
K	0.94	0.56	K_2O	1.13
Ca	34.27	20.15	CaO	47.96
O	37.59	55.35		
Total	100.00	100.00		100.00

图 4-11　$2CaO \cdot Al_2O_3$ 探针分析结果

表 4-7　无电磁制动时显微夹杂物形貌与组成

夹杂类型	形　貌	能谱成分/w_t%
$CaO \cdot Al_2O_3$		CaO 64.78　Al_2O_3 35.22　MnO 0　MgO 0 CaS 0　SiO_2 0　K_2O 0　Na_2O 0
镁铝尖晶石 ($MgO \cdot Al_2O_3$)		CaO 0　Al_2O_3 72.97　MnO 0　MgO 27.03 CaS 0　SiO_2 0　K_2O 0　Na_2O 0

续 表

夹杂类型	形 貌	能谱成分/w_t%
$2CaO \cdot Al_2O_3$		CaO 46.65 Al_2O_3 46.78 MnO MgO 4.23 CaS 1.45 SiO_2 K_2O 0.89 Na_2O

表 4-8 电磁制动时显微夹杂物形貌与组成

夹杂类型	形 貌	能谱成分，w_t%
$CaO \cdot Al_2O_3$		CaO 63.45 Al_2O_3 35.55 MnO 0 MgO 0 CaS 0 SiO_2 0 K_2O 0 Na_2O 0
镁铝尖晶石 ($MgO \cdot Al_2O_3$)		CaO 0 Al_2O_3 73.6 MnO 0 MgO 26.54 CaS 0 SiO_2 0 K_2O 0 Na_2O 0
$2CaO \cdot Al_2O_3$		CaO 47.96 Al_2O_3 47.57 MnO 0 MgO 3.35 CaS SiO_2 K_2O 1.13 Na_2O

(4) 晶粒度评级

有电磁制动和无电磁制动试验炉次钢板材横向组织见图 4-12 和图 4-13，纵向组织见图 4-14 和图 4-15。从以上图可知，板材的最终组织为大量的铁素体(白色)和部分珠光体，图中颜色暗的区域为珠光体，呈岛状和枝链状分布。试验炉次板材晶粒尺寸和评级测

定见表 4－9，由表可知，电磁制动与否对板材晶粒尺寸基本没有影响。

图 4－12　电磁制动时 SPHC 板材横向组织

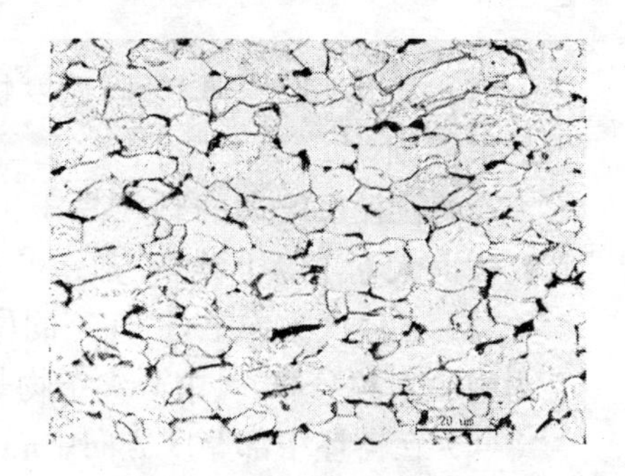

图 4－13　未电磁制动时 SPHC 板材横向组织

图 4－14　电磁制动时 SPHC 板材纵向组织

图 4－15　未电磁制动时 SPHC 板材纵向组织

表 4－9　SPHC 试验炉次板材晶粒尺寸及晶粒度评级

序　号	晶粒尺寸/μm		晶粒度评级	
	垂直轧制方向	沿轧制方向	垂直轧制方向	沿轧制方向
电磁制动	8.493 3	8.727 3	10.5	10.4
无电磁制动	9.400 6	9.485 0	10.2	10.2

4.5 现场试验结果的对比分析

(1) 薄板坯厚度薄,凝固速度快,凝固过程中夹杂物析出的数量少且尺寸细。

(2) 粒径尺度大的颗粒易于上浮;而粒径尺度小的颗粒则由于其比表面大而不易上浮。

(3) 在厚度方向上,铸坯不同位置夹杂物的分布基本上以铸坯中心为中心对称分布,且中心夹杂物数量比内外弧表面稍多。

(4) 在铸坯中部厚度方向中心处出现夹杂物的聚集峰值,无电磁制动时,该峰值为 12.64 个/mm^2,有电磁制动时降为 10.67 个/mm^2。中心处夹杂物集聚是钢液凝固过程中杂质元素向中心富集造成的。因钢液凝固自外向内进行,当铸坯表面凝固时,杂质元素向内部扩散富集,逐渐在液芯富集;当钢液进入凝固终点时,末凝固钢液中杂质元素的浓度不断升高,在铸坯中心最后凝固区的夹杂物数量最高。

(5) 电磁制动时,铸坯在宽度和厚度方向上显微夹杂物数量的分布和无电磁制动时呈现相同的规律性,但相对均匀。这是由于应用电磁制动后,有一定的制动效果,使包括液面在内的整个结晶器内流场速度降低,能够获得合理的流态,改善了夹杂物的分布状态。

(6) 实测结果表明,结晶器内钢液中显微夹杂物粒径的分布 90% 以上在 10 μm 以下,而对此粒径范围内的夹杂物,数学模拟的计算结果与现场试验结果是相符的,去除比例均≤8%。

4.6 小结

• 采用数学模拟方法,应用颗粒三维运动方程分析了连铸结晶器内钢液中夹杂物的行为,得出了夹杂物颗粒的运动轨迹。无电磁制动时,粒径尺度在 50 μm 以下的夹杂物颗粒其上浮概率几乎为零,300 μm夹杂物颗粒上浮概率为 6%;有电磁制动时,粒径尺度在5 μm、

10 μm、50 μm 和 300 μm 夹杂物颗粒上浮概率分别为 4%、8%、13% 和 38%。

• 为验证 EMBr 对结晶器内钢液中夹杂物颗粒去除的效果，在同一炉钢(SPHC)、同样拉速(4.5 m/min)使用与不使用 EMBr 两种状态下取样作对比分析。结果显示，(1) 铸坯显微夹杂物总数由 9.77 个/mm^2降到 9.10 个/mm^2，降低 6.9%。其中：在宽度方向上，铸坯中部显微夹杂物的降低幅度最大，由 11.24 个/mm^2 降到 10.08 个/mm^2，降低 10.3%；板材中的显微夹杂物则由 9.84 个/mm^2 降到 9.13 个/mm^2，降低 7.2%。在厚度方向上，铸坯中心处显微夹杂物由 12.64 个/mm^2 降到 10.67 个/mm^2，降低了 15.6%；而板材中的显微夹杂物则由 10.02 个/mm^2 降到 9.28 个/mm^2，降低了 7.4%。(2) 铸坯和板材显微夹杂主要组成为 $CaO \cdot Al_2O_3$、CaS、Al_2O_3、MnS、硅酸盐、铝酸钙与铝酸镁共生类复合夹杂物，电磁制动与否对显微夹杂形貌和组成没有明显影响，对铸坯显微夹杂物粒径分布没有明显影响。(3) 铸坯大型夹杂物中，200～300 μm 尺度的夹杂物降低了 15.9%，300～400 μm 尺度的夹杂物降低了 30.2%，大于400 μm 尺度的夹杂物降低了 39.1%。(4) 板材晶粒度在 10.2 至 10.5 级之间，组织主要由铁素体和珠光体组成。

• 对于 CSP 连铸，钢水纯净度的关键在于钢水的精炼及精炼以前的工序。一旦细微夹杂物颗粒(10 μm 以下)进入结晶器，则无论电磁制动与否对其去除或上浮均能力有限。

第五章　EMBr 对坯壳冲击和弯月面温度的影响

5.1　EMBr 对凝固初始坯壳冲击的影响

5.1.1　钢水注流对铸坯凝固初始坯壳冲击的强度模型

对结晶器壁面受到钢水的冲击问题,本文提出:钢水注流对结晶器窄边内壁或铸坯凝固初始坯壳的冲击强度,由钢水在固体壁面处水平流速的梯度来表示。在固体壁面处,钢水的水平流速为零($V_x = 0$,这表示钢水不会渗入固体壁面),若在沿固体壁面内法线方向取一段距离 Δx,则该处钢水的水平流速不为零($V_x \neq 0$),显然钢水由此处(Δx)冲击到结晶器内壁或铸坯初始凝壳时,其水平流速降低到零。根据动量原理,钢水冲击固体壁面动量的损失将转化为固体壁面所受到钢水的冲量,即:

$$\rho \Omega V_x = F_x \cdot \Delta t \tag{5-1}$$

其中 Ω 为钢水的体积。

于是,我们可用钢水冲击壁面时动量消耗来计算钢水对壁面的冲击力 F_x。固体壁面附近钢水的水平流量 $Q_x = \Omega/\Delta t$,而 $Q_x = \Omega/\Delta t = V_x \cdot S$,故

$$F_x/S = \rho V_x^2 \tag{5-2}$$

该式为固体壁面在受到钢水冲击时,单位面积上所形成的冲击力。若再考虑固体壁面所受到的热冲击,则只要将钢水在壁面处的温度变化转换成钢水的热能损失(该热能降就是钢水对壁面的热冲

击）。于是有下式：

$$W = \rho C_p (T_m - T_w) V_{steel} = \rho C_p (T_m - T_w) \sqrt{V_x^2 + V_z^2} \quad (5-3)$$

其中，V_{steel} 和 T_m 分别为固体壁面处钢水的流速和温度；T_w 为固体壁面的温度，它对结晶器内表面即为结晶器温度，对铸坯初凝壳则为钢水凝固温度。

实际上，在式(5－2)中未考虑钢水流动受到电磁制动时钢水所克服的电磁制动力。因此，对于电磁制动条件下，上述关系应修正为

$$(F_x + F_{x,em})/S = \rho V_x^2 \quad (5-4)$$

即钢水流团动量的改变等于该时间内钢水所受到的电磁制动力与壁面冲击反力之和。这里，$F_{x,em}$ 为钢水流团所受的电磁制动力，与流速反向。由第三章式(3－3)和(3－4)可知，

$$F_{x,em} = \sigma V \times B \times B \cdot \Omega = \sigma V_x B_y^2 \Omega = \sigma V_x B_y^2 \cdot S \cdot \Delta x \quad (5-5)$$

于是，在电磁制动下，结晶器窄面所受到的钢水冲击强度修正为

$$F_x / S = \rho V_x^2 - \sigma V_x B_y^2 \cdot \Delta x \quad (5-6)$$

显然，在式(5－2)和(5－6)中，均含有(或隐含)长度变量 Δx，在数值模拟中，所取计算网格的大小不同，会对计算结果有一定影响。因此，本文提出的冲击强度分布模型更主要的是分析结晶器壁面所受到的冲击峰值区域的位置和范围，对冲击强度值更多的是对比不同位置或工艺条件下的相对结果。这是一种半定量分析方法。

同样，钢水对结晶器窄边和铸坯初凝壳表面的冲刷问题，本文也给出一种半定量分析方法，用结晶器内壁附近或铸坯初凝壳前沿 Δx 处钢水纵向流速的绝对值来表示，该流速的绝对值越大，则钢水对固体壁面的冲刷越强。

对钢水等牛顿流体来说，钢水对固体壁面的冲刷力即为其作用在固体壁面上的摩擦力：

$$\tau = \mu \frac{\Delta V_z}{\Delta x} \tag{5-7}$$

这样，若 Δx 足够小，则上式可用来表示钢水对固体壁面的冲刷强度。该式仍然与数值模拟中所取计算网格的大小有关，Δx 值会对计算结果有一定影响。因此上式主要分析的是结晶器壁面所受到冲刷峰值区域的位置和范围，或是对比不同位置及不同工艺条件下结晶器受到钢水冲刷的相对强度。

5.1.2 结晶器内壁或凝固初始凝壳受钢水注流冲击的比较

图 5-1 是钢水注流对结晶器内壁或铸坯初凝壳冲击强度的分布图。该冲击强度的定义是本研究理论解析的结果，它在一定程度上能定量反映钢水注流对结晶器或铸坯初凝壳的冲击作用。图中为注流钢水在结晶器窄面或铸坯初凝壳处的动量变化率（每单位时间内的动量变化量）。在无电磁制动时，其最大值为 50 N/m^2，该值即为钢水的最大冲击力，其作用点在液面下 0.6 m 处；有电磁制动时，其动量变化率的最大值为 60 N/m^2（作用点位于液面下 0.35 m 处），该值还包括了注流钢水在结晶器中所受到的电磁制动力。可见，电磁制

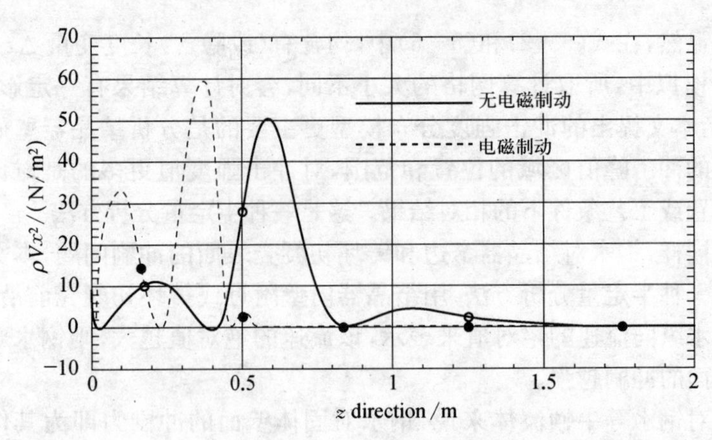

图 5-1 式(5-2)计算的弯月面下结晶器壁受钢水冲击的强度分布

动使注流钢水对结晶器或铸坯初凝壳的最大冲击点位置上移约 40%(0.25 m),降低了其对铸坯初凝壳的冲击和重熔等影响。

5.1.3 结晶器内壁或凝固初始凝壳受钢水流动冲刷的比较

图 5-2 是靠近结晶器内壁或凝固初凝壳处钢水垂直流动速度分布图。根据图中钢水近壁面处的垂直流速分布,可由式(5-4)计算出钢水对固体壁面的摩擦力(即冲刷强度)。该冲刷强度的定义是本研究理论解析的结果,能在一定程度上半定量地反映近固体壁面处钢水的流动对结晶器或铸坯初凝壳的冲刷作用。计算结果显示,无电磁制动时,钢水向下和向上流动对固体壁面冲刷的最大强度分别为 0.063 N/m² 和 0.089 N/m²,其位置分别在液面下 0.9 m 和 0.4 m 处;而有电磁制动时,钢水向下和向上流动对固体壁面冲刷的最大强度则分别为 0.009 N/m² 和 0.08 N/m²,其位置分别在液面下 0.46 m 和 0.22 m 处。由此可见,电磁制动使钢水对结晶器内壁或铸坯初凝壳的冲刷强度降低,其中上升流降低 86%,下降流降低 10%,这对减少铸坯表面横向热裂有利。

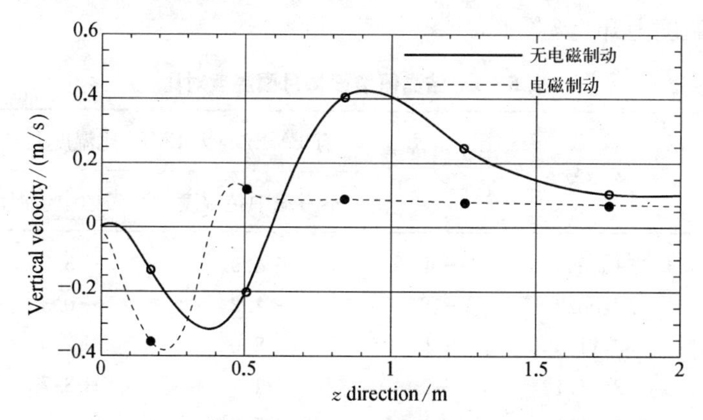

图 5-2 结晶器窄边内壁所受的钢水冲刷强度分布

同时,由上述计算结果可知钢水对结晶器内壁或凝固初凝壳的冲刷力是很小的。其作用更多的是以"热"的形式出现。根据本文计

算所得的钢水流速分布，在结晶器温度或钢水温度已知时，可直接利用式(5-3)计算钢水的"热"冲击强度。

5.2 EMBr 对弯月面温度的影响

为了掌握 EMBr 对弯月面温度的影响，在湖南华菱涟钢 CSP 连铸现场进行了对比试验。湖南华菱涟钢 CSP 结晶器，在结晶器铜板外表面装了热电偶，其中窄面装了四排，每排每边装了两个热电偶；宽面装了 3 排，每排固定侧和活动侧各装了 8 个热电偶。通过由西马克公司提供的与 CSP 连铸配套的 MMS(Mould Monitoring System，即结晶器监视系统)中热成像系统来获得数据。

在同一炉钢、同一拉速浇注过程中，前 10 min 使用 EMBr，之后关闭 EMBr 10 min，在使用与关闭 EMBr 期间各采集接近弯月面位置的最上面一排热电偶所测定的温度数据进行对比，其结果见下表5-1至表5-4(表中"＋"为温度升高，"－"为温度下降；"T_1"和"T_2"分别指有、无 EMBr 时中间包钢水温度)。由表 5-4 知，使用 EMBr 使弯月面温度上升 5.8 ℃。

表 5-1　结晶器窄面弯月面温度对比

序 号	炉 号	中包温度差 T_2-T_1/℃	有 EMBr 与无 EMBr 比温度上升/℃	
			不考虑中包温度	考虑中包温度
1	5100650	＋4	＋4.9	＋8.9
2	5340620	－1	＋1.3	＋0.3
3	5341170	－1	＋8.0	＋7.0
4	5341171	＋2	＋1.7	＋3.7
5	5101209	＋4	＋2.6	＋6.6
6	5101235	＋1	＋2.3	＋3.3
7	5341178	＋9	＋2.9	＋11.9

续 表

序号	炉 号	中包温度差 T_2-T_1/℃	有EMBr与无EMBr比温度上升/℃	
			不考虑中包温度	考虑中包温度
8	5101236	+1	+0.7	+1.7
9	5221584	+1	+11.8	+12.8
10	5101612	+2	+8.9	+10.9
11	5101598	+4	+8.3	+12.3
12	5101600	+3	+3.0	+6.0
13	5101602	+4	+13.1	+17.1
14	5221575	+2	+2.9	+4.9
15	5101604	−1	+7.3	+6.3
16	5101601	−4	+7.3	+3.3
17	5341538	+2	−1.5	+0.5
18	5341539	+1	−0.3	+0.7
19	5101611	+2	−0.6	+1.4
20	5341542	+1	−0.4	+0.6
21	5101603	+1	+1.0	+2.0
平 均			+4.1	+5.8

表5-2 结晶器宽面活动侧弯月面温度对比

序号	炉 号	中包温度差 T_2-T_1/℃	有EMBr与无EMBr比温度上升/℃	
			不考虑中包温度	考虑中包温度
1	5100650	+4	+8.4	+12.4
2	5340620	−1	+2.7	+1.7
3	5341170	−1	+2.0	+1.0
4	5101209	+4	+4.1	+8.1
5	5341171	+2	+4.0	+6.0

续 表

序号	炉 号	中包温度差 T_2-T_1/℃	有EMBr与无EMBr比温度上升/℃	
			不考虑中包温度	考虑中包温度
6	5101235	+1	+3.1	+4.1
7	5341178	+9	−3.5	+5.5
8	5101236	+1	+6.1	+7.1
9	5221584	+1	+3.4	+4.4
10	5101612	+2	−1.2	+0.8
11	5101598	+4	+0.9	+4.9
12	5101600	+3	−2.0	+1.0
13	5101602	+4	−4.0	0
14	5221575	+2	+0.6	+2.6
15	5101604	−1	+2.1	+1.1
16	5101601	−4	+7.3	+3.3
17	5341538	+2	+6.3	+8.3
18	5341539	+1	+5.0	+6.0
19	5101611	+2	+1.2	+3.2
20	5341542	+1	+5.4	+6.4
21	5101603	+1	+9.0	+10.0
平均			+2.9	+4.7

表5-3 结晶器宽面固定侧弯月面温度对比

序号	炉 号	中包温度差 T_2-T_1/℃	有EMBr与无EMBr比温度上升/℃	
			不考虑中包温度	考虑中包温度
1	5100650	+4	+4.6	+8.6
2	5340620	−1	+3.7	+2.7
3	5341170	−1	+3.5	+2.5

续 表

序号	炉 号	中包温度差 T_2-T_1/℃	有 EMBr 与无 EMBr 比温度上升/℃	
			不考虑中包温度	考虑中包温度
4	5101209	+4	+0.4	+4.4
5	5341171	+2	+6.6	+8.6
6	5101235	+1	+1.1	+2.1
7	5341178	+9	−4.5	+4.5
8	5101236	+1	+2.0	+3.0
9	5221584	+1	+14.9	+15.9
10	5101612	+2	+8.6	+10.6
11	5101598	+4	+9.7	+13.7
12	5101600	+3	+4.3	+7.3
13	5101602	+4	+10.3	+14.3
14	5221575	+2	+6.2	+8.2
15	5101604	−1	+11.2	+10.2
16	5101601	−4	+9.7	+5.7
17	5341538	+2	+0.3	+2.3
18	5341539	+1	+1.7	+2.7
19	5101611	+2	+4.4	+6.4
20	5341542	+1	+2.2	+3.2
21	5101603	+1	+8.9	+9.9
平 均			+5.2	+7.0

表 5-4 结晶器弯月面温度对比

序号	炉 号	中包温度差 T_2-T_1/℃	有 EMBr 与无 EMBr 比温度上升/℃	
			不考虑中包温度	考虑中包温度
1	5100650	+4	+6.0	+10.0
2	5340620	−1	+2.6	+1.6
3	5341170	−1	+4.5	+3.5

续 表

序 号	炉 号	中包温度差 T_2-T_1/℃	有 EMBr 与无 EMBr 比温度上升/℃	
			不考虑中包温度	考虑中包温度
4	5101209	+4	+2.4	+6.4
5	5341171	+2	+4.1	+6.1
6	5101235	+1	+2.2	+3.2
7	5341178	+9	−1.7	+7.3
8	5101236	+1	+2.9	+3.9
9	5221584	+1	+10.0	+11.0
10	5101612	+2	+5.4	+7.4
11	5101598	+4	+6.3	+10.3
12	5101600	+3	+1.8	+4.8
13	5101602	+4	+6.5	+10.5
14	5221575	+2	+3.2	+5.2
15	5101604	−1	+6.9	+5.9
16	5101601	−4	+8.1	+4.1
17	5341538	+2	+1.7	+3.7
18	5341539	+1	+2.1	+3.1
19	5101611	+2	+1.7	+3.7
20	5341542	+1	+2.4	+3.4
21	5101603	+1	+6.3	+7.3
平	均		+4.1	+5.8

5.3 EMBr 对结晶器内钢液热流密度的影响

在同一炉钢、同一拉速浇注过程中，前 15 min 钟使用 EMBr，之后关闭 EMBr 15 min，选连铸工艺稳顺的时段各取 10 min，每隔 1 min 通过由西马克公司提供的与 CSP 连铸配套的 TCS - Edas(Technology Control System—Electronic data acquire system，即工艺控制系统中电子数据采集系统)来采集热流密度数据，得到结晶器内钢液热流密度及其

标准偏差，其结果如表5-5～表5-8和图5-3～图5-6所示(表中Q_{min}、Q_{max}、S分别表示最小热流密度、最大热流密度和标准偏差)。

表5-5 结晶器左侧热流密度

炉次	炉号	有EMBr				无EMBr			
		Q_{min}/ Mw/m^2	Q_{max}/ Mw/m^2	平均值 Mw/m^2	标准差 S_1*10^{-2}	Q_{min}/ Mw/m^2	Q_{max}/ Mw/m^2	平均值 Mw/m^2	标准偏差 S_2*10^{-2}
1	5222085	1.391	1.708	1.493	2.956	1.814	1.940	1.873	3.800
2	5102088	1.527	1.699	1.622	5.330	1.391	1.708	1.493	7.990
3	5102095	1.463	1.565	1.505	2.980	1.452	1.661	1.585	5.966
4	5341976	1.473	1.582	1.537	2.639	1.422	1.548	1.483	3.990
5	5222098	1.600	1.747	1.680	3.711	1.629	1.728	1.682	2.388
6	5341980	1.600	1.747	1.680	3.711	1.629	1.728	1.682	2.388
7	5222088	1.751	1.870	1.795	3.330	1.820	2.053	1.890	5.430
8	5222089	1.746	2.005	1.852	7.930	1.512	1.926	1.815	9.270
9	5222093	1.891	2.013	1.929	3.860	1.782	2.057	1.875	6.150
10	5222094	1.751	1.875	1.799	3.740	1.713	1.852	1.788	4.100

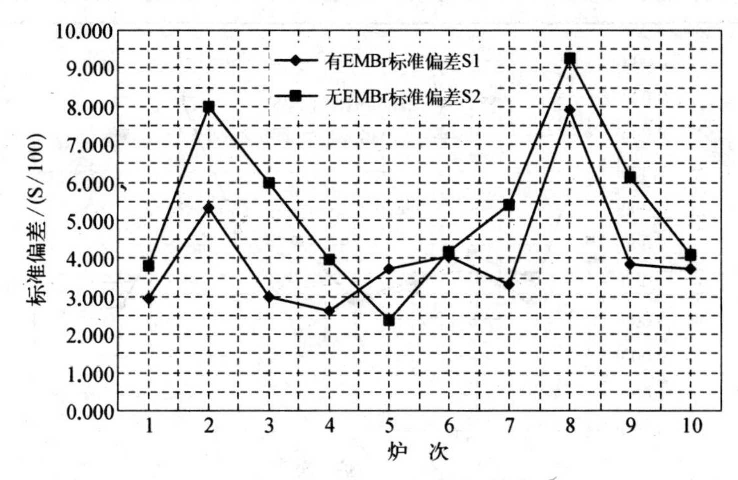

图5-3 结晶器左侧热流密度标准偏差对比

由热流密度标准偏差对比图可看出，无论是窄面右侧还是左侧、宽面活动侧还是固定侧，使用 EMBr 都使结晶器内钢液热流密度标准偏差明显减少，也即其离散度明显减少。

表 5-6　结晶器右侧热流密度

炉次	炉号	有 EMBr				无 EMBr			
		Q_{min}/ Mw/m²	Q_{max}/ Mw/m²	平均值 Mw/m²	标准偏差 S_1*10^{-2}	Q_{min}/ Mw/m²	Q_{max}/ Mw/m²	平均值 Mw/m²	标准偏差 S_2*10^{-2}
1	5222085	1.331	1.459	1.391	7.990	1.476	1.684	1.582	5.150
2	5102088	1.577	1.710	1.612	3.460	1.331	1.459	1.391	4.170
3	5102095	1.403	1.577	1.519	4.370	1.507	1.670	1.604	4.768
4	5341976	1.482	1.634	1.563	4.039	1.446	1.586	1.496	3.840
5	5222098	1.570	1.718	1.643	3.577	1.578	1.699	1.625	3.487
6	5341980	1.440	1.537	1.500	2.604	1.374	1.550	1.484	5.106
7	5222088	1.741	2.000	1.804	5.530	1.877	2.075	2.012	5.450
8	5222089	1.670	1.938	1.817	6.170	1.674	1.994	1.833	9.020
9	5222093	2.064	2.163	2.099	3.380	1.852	2.179	2.034	8.000
10	5222094	1.865	1.987	1.907	3.160	1.806	2.049	1.908	7.650

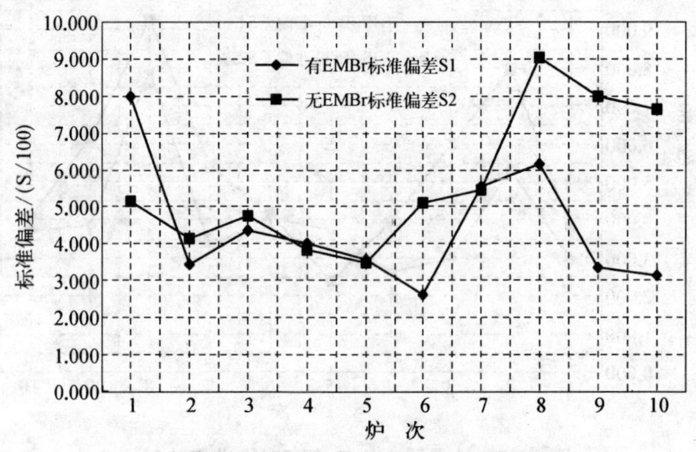

图 5-4　结晶器右侧热流密度标准偏差对比

表 5-7 结晶器固定侧热流密度

炉次	炉号	有EMBr				无EMBr			
		Q_{min}/ Mw/m²	Q_{max}/ Mw/m²	平均值 Mw/m²	标准差 S_1*10^{-2}	Q_{min}/ Mw/m²	Q_{max}/ Mw/m²	平均值 Mw/m²	标准差 S_2*10^{-2}
1	5222085	2.517	2.660	2.587	3.440	2.325	2.464	2.387	3.552
2	5102088	2.357	2.462	2.407	2.474	2.517	2.660	2.587	3.440
3	5102095	2.250	2.350	2.280	2.350	2.234	2.361	2.227	2.840
4	5341976	2.246	2.346	2.283	2.170	2.277	2.412	2.332	3.110
5	5222098	2.192	2.270	2.228	2.290	2.116	2.249	2.186	3.510
6	5341980	2.259	2.396	2.334	3.030	2.238	2.395	2.326	3.590
7	5222088	2.332	2.401	2.364	1.922	2.286	2.376	2.329	2.872
8	5222089	2.290	2.392	2.346	3.043	2.302	2.495	2.374	4.904
9	5222093	2.280	2.338	2.311	1.605	2.613	2.416	2.325	3.678
10	5222094	2.226	2.310	2.262	2.050	2.122	2.256	2.202	2.474

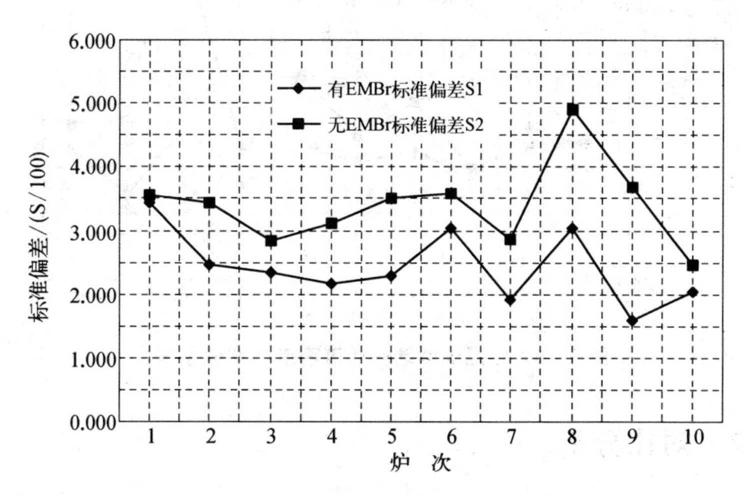

图 5-5 结晶器固定侧热流密度标准偏差对比

表 5-8　结晶器活动侧热流密度

炉次	炉号	有 EMBr				无 EMBr			
		Q_{min}/Mw/m²	Q_{max}/Mw/m²	平均值 Mw/m²	标准差 S_1*10^{-2}	Q_{min}/Mw/m²	Q_{max}/Mw/m²	平均值 Mw/m²	标准差 S_2*10^{-2}
1	5222085	2.488	2.594	2.547	2.956	2.293	2.412	2.346	3.100
2	5102088	2.357	2.492	2.434	3.386	2.488	2.594	2.547	2.956
3	5102095	2.186	2.890	2.256	2.230	2.191	2.318	2.257	2.470
4	5341976	2.214	2.309	2.247	2.880	2.283	2.442	2.335	3.940
5	5222098	2.151	2.258	2.214	2.600	2.142	2.240	2.194	3.180
6	5341980	2.267	2.387	2.332	2.990	2.254	2.417	2.316	4.530
7	5222088	2.311	2.395	2.343	2.088	2.290	2.377	2.333	2.813
8	5222089	2.246	2.380	2.304	3.355	2.294	2.546	2.388	7.217
9	5222093	2.273	2.336	2.304	1.907	2.260	2.495	2.333	4.354
10	5222094	2.217	2.337	2.270	2.880	2.185	2.297	2.232	3.392

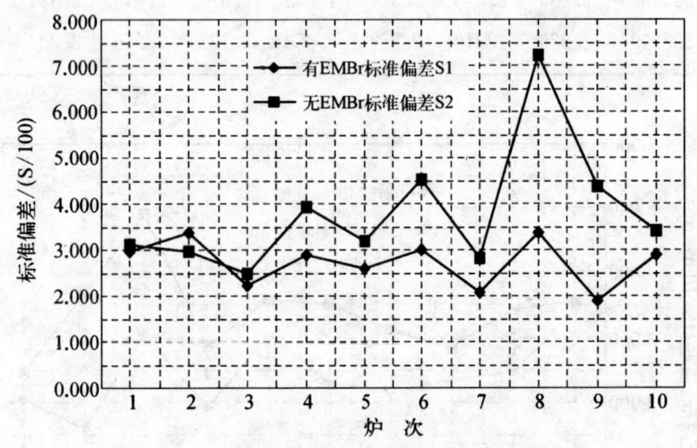

图 5-6　结晶器活动侧热流密度标准偏差对比

5.4　对比分析

本章现场实测结果显示，使用 EMBr 时钢水弯月面温度上升

5.8℃。这是因为：

(1) 第四章数值模拟结果显示，在电磁制动时，结晶器窄边区域钢水上升回流的流量为 0.238 m^3/min，比无电磁制动该区域钢水上升回流的流量高 4.4%。而上升回流流量的增高，使弯月面区域钢液温度升高。

(2) EMBr在制动过程中，对通过磁场区域的钢液有感应加热作用。

在有 EMBr 时，结晶器内钢液热流密度的离散度较无 EMBr 时要小，它与第四章数值模拟结果相吻合。即 EMBr 使钢水能够较快进入稳定的活塞流流态（钢水在液面以下 90 cm 处已达到稳定的活塞流），而无 EMBr 作用时钢水在液面下 2 m 处尚未进入层流状态。

5.5 小结

● 对结晶器内壁或铸坯初凝壳受钢水冲击的问题，本文利用动量原理，将钢水在结晶器壁面或铸坯凝固初凝壳前沿“定向流动”的动量转换为钢水对固体界面的冲量，进而推出描述钢水对结晶器内壁或铸坯初凝壳冲击作用的半定量分析方法和模型：

$$F_x/S = \rho V_x^2 - \sigma V_x B_y^2 \cdot \Delta x \text{ 。}$$

● 同样，对结晶器内壁或铸坯初凝壳钢水的冲刷作用，本文直接采用牛顿流体的内摩擦（剪力）模型 $\tau = \mu \dfrac{\Delta V_z}{\Delta x}$，作为半定量方法来分析固体壁面所承受的钢水冲刷的位置和相对强度。

● 通过数值模拟得出，电磁制动使钢水注流对结晶器窄边（最大）冲击位置上升 40%，上升流的冲刷强度下降了 86%，下降流的冲刷强度下降了 10%，这有利于避免发生铸坯初凝壳被钢水热流重熔等现象，从而减少铸坯横裂等凝固缺陷。

● 由现场对比试验结果知，使用 EMBr 使弯月面钢液温度上升 5.8℃。

第六章　高拉速下 EMBr 工艺探索

目前国内几条 CSP 生产线拉 70 mm 及其以上厚坯时拉速都小于 5.0 m/min。如涟钢拉 70 mm 厚的坯：当坯宽小于 1 250 mm 时，拉速为 4.0～4.8 m/min；当坯宽大于或等于 1 250 mm 时，拉速为 3.8～4.5 m/min。随着连铸工艺的改进和设备潜能的挖掘，CSP 生产线的拉速会不断提高。在高拉速连铸情况下，怎样通过使用 EMBr 等技术来确保产品质量的要求，是摆到我们面前的一个重要课题。为此，我们进行了高拉速下不同制动电流对结晶器内流场等冶金过程影响的数值模拟，以便为 CSP 高拉速连铸 EMBr 工艺参数的制定提供技术基础。

本章数值模拟铸坯的断面为 70 mm × 1 500 mm，拉速为 5.5 m/min，其数学和物理模型与第三章相同。

6.1　高拉速下电磁制动对结晶器内钢水流场的影响

图 6－1 为 5.5 m/min 拉速条件下，EMBr 制动电流分别为 0 A，220 A 和 300 A 时钢水液面的流速分布图。由图可见，在无电磁制动时，液面流场呈偏流状态，在浸入式水口的两边有大的涡流，这同第三章中 4.5 m/min 拉速的结果一致。在施加电磁制动时，液面的偏流基本消除，钢水自结晶器窄边至中心的流场均匀，并在水口壁面处未形成大的涡流，这对防止液面卷渣有利。

图 6－2 和 6－3 为 EMBr 制动电流分别为 0 A，220 A 和 300 A 结晶器中面内流场的速度矢量分布图和湍动能分布图。由图看出：无电磁制动时钢水的冲击深度可达到 1 m 左右，并在水口下方形成强烈的

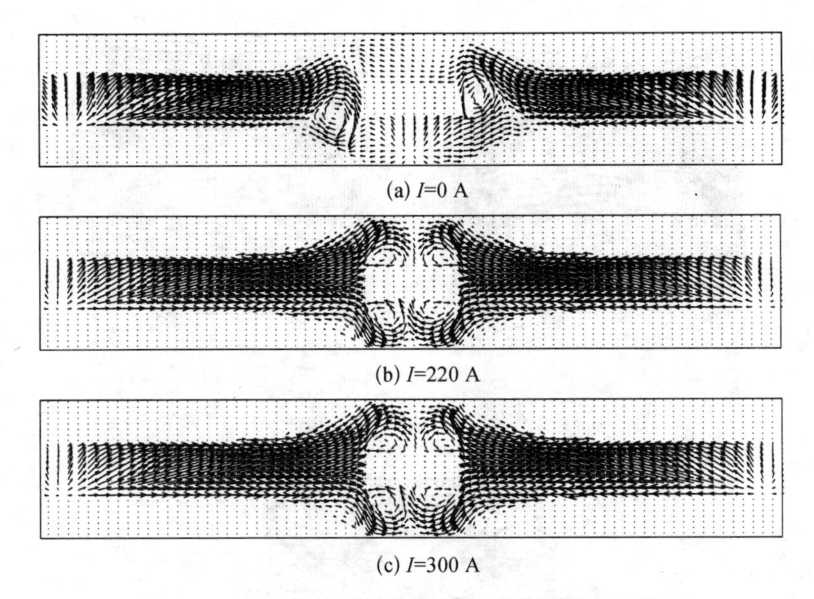

图 6-1　不同制动电流下结晶器液面流场的模拟结果

回流区域，导致水口出流的主流下方形成大的涡流区域，该处夹杂物颗粒处于强烈的漩流中，难以上浮。而施加 220 A 和 300 A 制动电流时结果却有很大的改善，它们可使钢水注流的冲击深度降低到 0.5 m 以下(降幅 50%以上)，且钢水由水口注入后不会直冲到结晶器的窄边内壁或铸坯初凝壳界面处，这可减弱或消除钢水对初凝坯壳的热冲击；同时因大为降低了钢水注流下方和水口下方的涡流及回流的强度与范围而利于钢水中夹杂物颗粒的上浮；此外钢水液面下约 1 m 处的流动形态已逐步呈稳定的一维层流状态，这就降低了因铸坯四周散热不均匀所产生的纵裂缺陷。以上效果当制动电流为 300 A 时比 200 A 更明显，因此，在高拉速下，宜采用 300 A 以上的电流进行电磁制动。

图 6-4 和 6-5 分别为有无电磁制动条件下，结晶器内钢水流速矢量差和湍动能差的分布图。由图可知，在电磁制动后，钢水流速和湍动能变化最大的区域是注流的末端，表现为急剧减速和湍流强度降低，这有利于减小钢水对凝固初凝壳的冲击和杂质上浮。

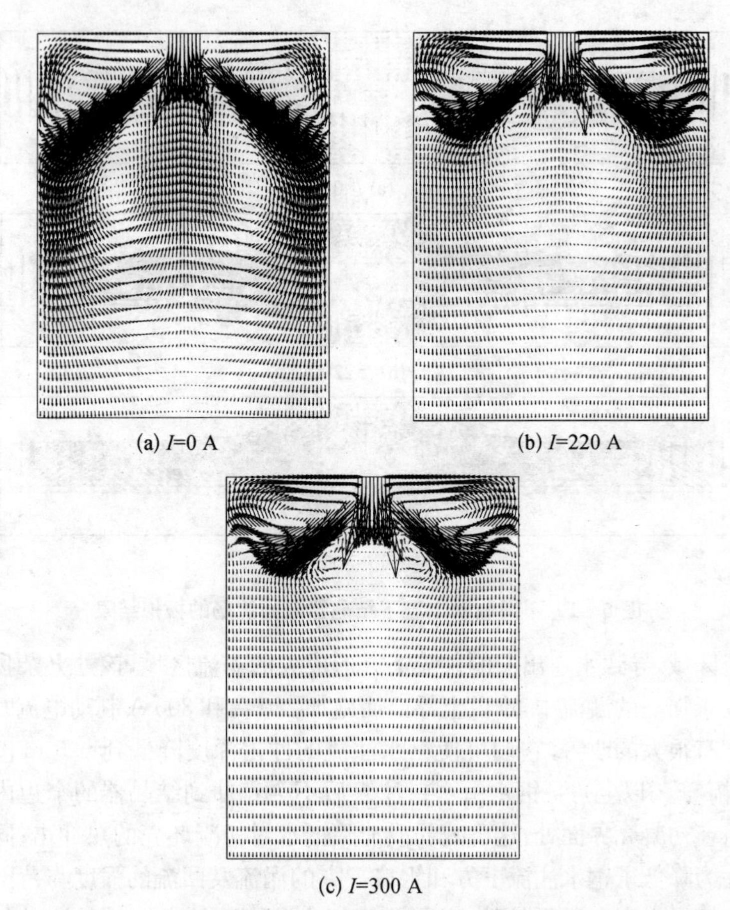

(a) I=0 A　　(b) I=220 A

(c) I=300 A

图 6-2　不同制动电流下结晶器内中面流场的速度矢量分布

6.2　高拉速下电磁制动对钢水流速的影响

图 6-6(a)～6(d)为不同制动电流结晶器内不同深度下钢液垂直流速分布图(图中以流速与拉坯方向一致为正速度,反之为负速度)。它显示出除 0.2 m 深度处钢液的垂直流速随电流变化不大外(该处位于电磁制动磁场区域的上方,受磁场作用小),其余深度下钢

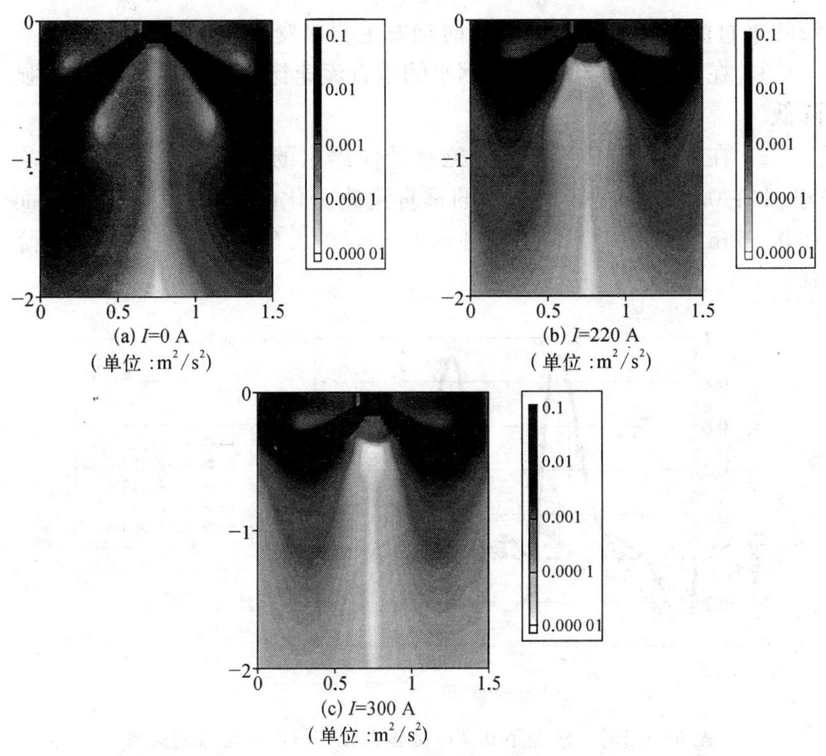

图 6－3　不同电流下结晶器中面湍动能分布

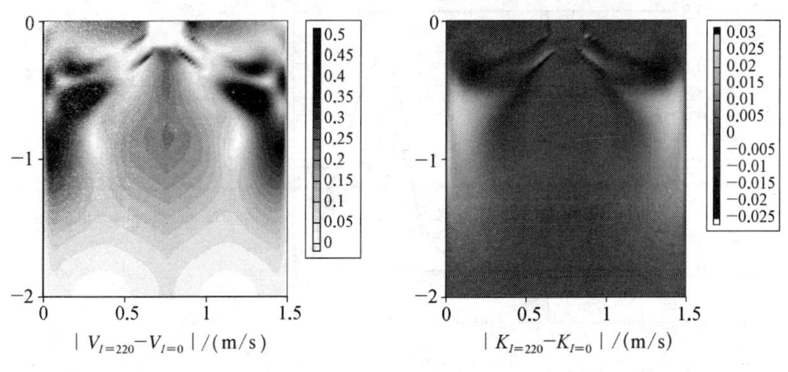

图 6－4　有无电磁制动结晶器中面流速矢量差分布

图 6－5　有无电磁制动结晶器中面湍动能差分布

液的垂直流速在施加制动电流时均发生明显变化,可归结为:

1. 在电磁场制动作用下钢水的垂直流速比无电磁制动时要明显降低。

2. 在深度 0.45 m 以下电磁制动使钢水的垂直流速很快趋于均匀(如在 0.3 m 深度铸坯中面的垂直流速变化幅度为±0.25 m/s,而在 0.45 m 深度该值下降到约±0.1 m/s,在 0.6 m 深度处则该值下降到±0.08 m/s)。

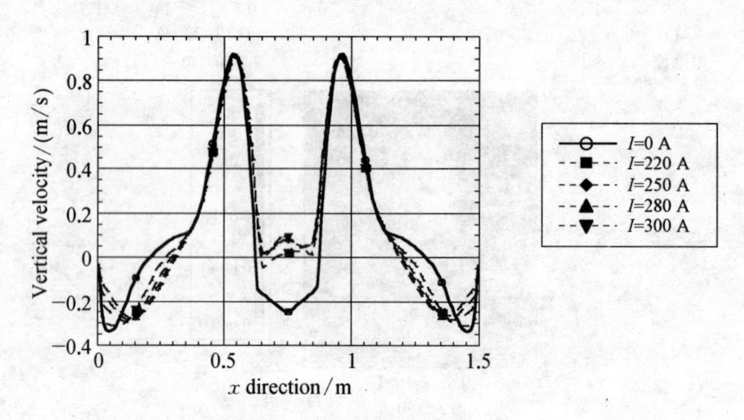

图 6-6 (a) 液面下 0.2 m 处垂直流速与制动电流的关系

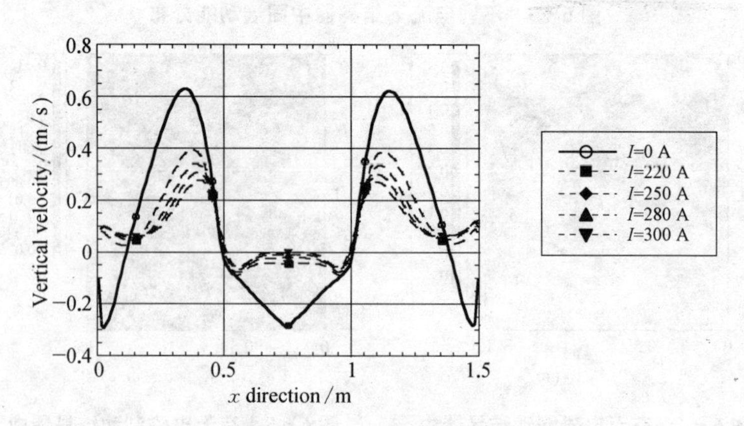

图 6-6(b) 液面下 0.3 m 处垂直流速与制动电流的关系

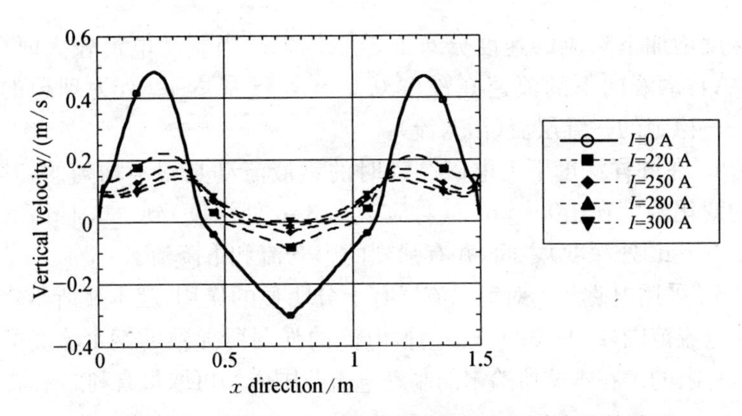

图 6-6(c) 液面下 0.45 m 处垂直流速与制动电流的关系

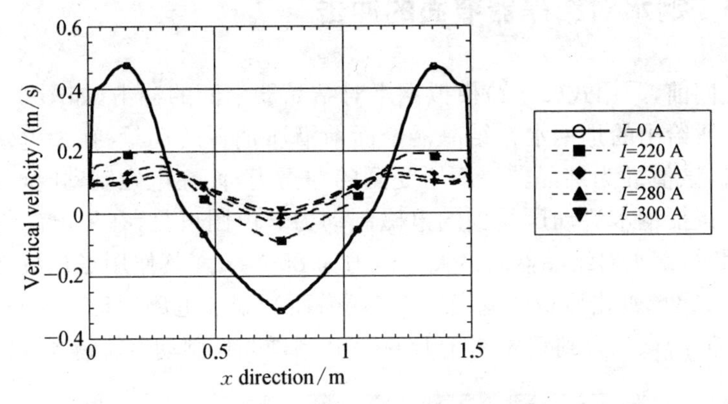

图 6-6(d) 液面下 0.6 m 处垂直流速与制动电流的关系

3. 对结晶器内同一钢液深度下的钢水流速，制动电流越大，流速分布的变化幅度越小；且若不考虑结晶器上部漏斗所导致断面尺寸的改变(即假定结晶器各个高度处的截面积一致)，则通过钢液垂直流速分布可直接得出结晶器内不同深度处钢水上升和下降流的流量 $Q=\pm t\int_0^{l_1}V(x)\mathrm{d}x$（这里 t 为结晶器厚度，l_1 为结晶器宽度方向上的上升流或下降流的范围）。

4. 施加电磁制动时，钢液在 0.3 m 以下深度基本已无上升流，并

随深度增加下降流的速度分布亦趋于均匀。当制动电流较大时(如 300 A),钢液向下的流速在深度 0.6 m 处已基本平均,为理想的流态——稳定的一维层流(活塞流)。

5. 在同样深度下无电磁制动时的钢液流动是很不均匀的,其流速的变化幅度在±0.45 m/s(对应于 0.3 m 处深度)到±0.4 m/s(对应于 0.6 m 处深度)之间,并有强烈的上升流和下降流。

6. 采用电磁制动对钢水流场有十分明显的作用,就本文所给定的制动电流范围(220—300 A)来看,电流的强弱所导致的钢水流场的变化是有限的。在本文所给定的制动电流范围内均可取得有利的结果。

6.3 钢水对结晶器窄面的冲击

同前,采用式(5-2)模拟钢水对结晶器窄面的冲击,如图 6-7。图中所给出的是钢水在结晶器窄面前沿所消耗的动量;在无电磁制动时,该值即为结晶器壁面所受到的冲击力,而在电磁制动时,则该值还包括钢水流动所受到的电磁制动力。由图可见,在无电磁制动作用时,钢水对结晶器的最大冲击力为 85 N/m^2,其作用点在液面下 0.55 m 处,冲击区域的宽度约 0.35 m;而当施加电磁制动时,钢水的最大冲击点上升到 0.3 m,上升幅度 45%,同时,制动电流越大则钢水

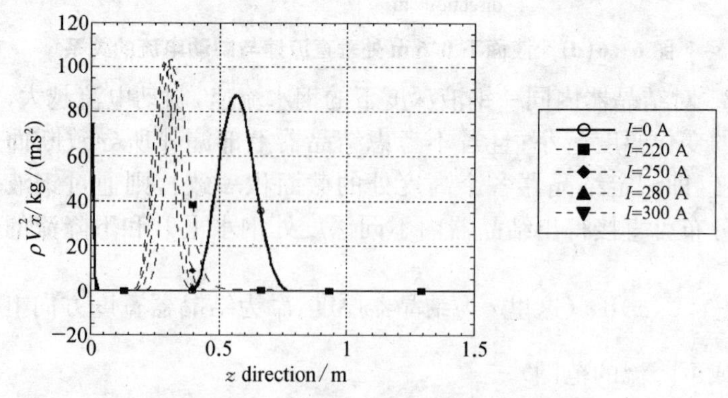

图 6-7 钢水对结晶器窄面的冲击分析

冲击区域的宽度越窄(以 300 A 为例,钢水冲击区域的宽度降到 0.2 m)。这有利于降低钢水对铸坯初凝壳的冲击和重熔,减少热裂。

6.4 小结

• 无电磁制动时,液面流场呈偏流,在浸入式水口两侧有明显涡流;钢水冲击深度超过 1 m,并在水口下方形成强烈的回流和涡流区域,该处夹杂物颗粒难以上浮。

• 有电磁制动时,液面偏流基本消除,钢水自结晶器窄面至中心的流场相对均匀,在水口壁面处未形成大的涡流,这对防止液面卷渣有利。

• 施加 220 A 和 300 A 制动电流时,钢水注流的冲击深度均低于 0.5 m,降幅达 50%,钢水注流下方和水口下方的涡流及回流的范围大为降低,利于钢水中夹杂物颗粒上浮。

• 电磁制动时,钢水流速和湍动能变化最大的区域是注流的末端,该处钢水急剧减速,湍动能降低,显示涡流强度下降,且钢水由水口注入后不会直冲到结晶器窄面内壁或铸坯初凝壳处,这可减弱或基本消除钢水对初凝坯壳的热冲击。

• 电磁制动时,钢液在 0.3 m 深度处已基本无上升流,随电流增大和深度增加,流速分布更趋均匀。当制动电流为 300 A 时,钢水在液面下 0.6 m 处已基本平均,并逐渐呈稳定的一维层流状态,使结晶器散热均匀,利于减少或基本消除纵裂缺陷。

• 未施加电磁制动时,钢水对结晶器的最大冲击力为 85 N/m^2,其作用点在液面下 0.55 m 处,冲击区域宽度约 0.35 m;而有电磁制动时,钢水的最大冲击点上升到 0.3 m,上升幅度 45%,制动电流 300 A钢水冲击区域的宽度降到 0.2 m,这有利于降低钢水对铸坯初凝壳的冲击和重熔,减少热裂。

• 在 5.5 m/min 拉速下,对 1 500 mm×70 mm 断面铸坯,电流为 300 A 比 200 A 的制动效果更明显,因此,在高拉速下,宜采用 300 A 以上的电流进行电磁制动。

第七章 EMBr 工艺参数及 EMBr 对铸坯质量的影响

7.1 EMBr 工艺参数

通过前几章所述的数值模拟结果和设备厂家提供的资料，及在湖南华菱涟钢 EMBr 实测电流与磁通量关系（见第三章表 3-2），于 2004 年 9 月开始在湖南华菱涟钢 CSP 连铸现场进行了 EMBr 工业试验，通过不断的改进和优化，制定了不同断面的铸坯在不同拉速下 MEBr 的制动电流，见表 7-1。使用 EMBr 后由于钢水表面化渣较好，结晶器弯月面保护渣壳减少2/3，挑渣间歇延长（由随时挑渣条变为时隔 30～40 min挑一次），拉速稳定上升，70 mm 厚断面拉速稳定在 4.2 m/min 以上，最高达 4.8 m/min，比没使用 EMBr 拉速提高了 0.4 m/mm，且在提高拉速的情况下漏钢率仍维持在 0.3%左右的水平。

表 7-1 不同断面的铸坯在不同拉速下 MEBr 的制动电流

拉速 \ 板宽	1 250 /mm	1 300 /mm	1 350 /mm	1 400 /mm	1 450 /mm	1 500 /mm	备 注
3.5	181	186	190	195	200	204	表中电流值是基于中间包钢水过热度 20～30℃时计算所得；若钢水过热度 30～40℃，电流值必须乘系数 0.95；若过热度在 40～50℃，则电流值应乘系数 0.90
3.6	184	189	193	198	203	208	
3.7	187	192	196	201	206	211	
3.8	190	195	200	204	209	214	
3.9	193	198	203	208	213	218	

续 表

板宽 拉速	1 250 /mm	1 300 /mm	1 350 /mm	1 400 /mm	1 450 /mm	1 500 /mm	备 注
4.0	196	201	206	211	216	221	表中电流值是基于中间包钢水过热度 20～30℃时计算所得；若钢水过热度 30～40℃，电流值必须乘系数 0.95；若过热度在 40～50℃，则电流值应乘系数 0.90
4.1	198	204	209	214	219	224	
4.2	201	207	212	217	222	228	
4.3	204	210	215	220	226	231	
4.4	207	213	218	223	229	234	
4.5	210	216	221	227	232	238	
4.6	216	212	227	233	238	244	
4.7	222	228	233	239	245	250	
4.8	228	234	239	245	251	257	
4.9	234	240	245	251	257	263	
5.0	240	246	252	257	263	269	
5.1	247	253	259	265	271	276	
5.2	253	259	265	271	277	283	
5.3	259	265	271	277	283	289	
5.4	265	271	277	283	289	295	
5.5	270	277	284	289	295	302	

注：表中拉速、电流的单位分别为 m/min 和安培。

7.2 EMBr对铸坯质量的影响

前几章通过水力学和数值模拟，研究了电磁制动对提高铸坯质量的作用。水力学模拟的研究表明：为减少结晶器内钢液不稳定的旋涡，改善其冶金过程，除优化浸入式水口结构外，还必须采用电磁制动等手段来达到进一步提高铸坯质量的目的。针对1 500 mm×70 mm断面在4.5 m/min拉速下电磁制动的数值模拟说明：有电磁制动时，钢水液面水口两边没有产生涡流，不会发生沿水口外壁的卷渣现象；钢水注流的冲击深度比无电磁制动时减小了45%，并在液面以下50～70 cm处发展为稳定的一维层流，有利于提高铸坯质量和铸坯拉速；钢水在结晶器窄边的回流流量增大(比无电磁制动时增加86%)，有利于夹杂物上浮和表面化渣；电磁制动使钢水注流对结晶器窄边(最大)冲击位置上升40%，上升流的冲刷强度下降了86%，下降流的冲刷强度下降了10%，这有利于避免发生铸坯初凝壳被钢水热流重熔等现象，从而减少铸坯横裂等凝固缺陷。

为了研究和解析电磁制动对钢水流动行为和铸坯质量的影响，根据数学物理模拟的结果，在涟钢CSP连铸机上进行了现场工业试验。由于使用EMBr后，铸坯表面质量改善，使热轧板的优等品率等质量指标提高，边裂等缺陷率下降，其效果见表7-2。试验发现其实际效果与数学物理模拟结果有较好的一致性，其对比见表7-3。

表7-2 使用与未使用EMBr质量指标的对比

指标 钢种	优等品率/%		边裂等缺陷率/%	
	2004年8月	2005年1月	2004年8月	2005年1月
Q345	92.83	97.68	6.91	2.32
16MnL	77.31	93.21	22.69	6.79

注：2004年8月未使用EMBr，2005年1月使用EMBr。

表 7-3 数模与生产实际效果比较

数学物理模拟结果	生产实际效果
电磁制动使钢水液面稳定,流速降低,表面涡流消失,有效阻止了液面卷渣	结晶器液面稳定性增加,使用EMBr后结晶器液面波动减少
电磁制动使结晶器窄边区域上升液流的流量由原先的 0.228 m^3/min 提高到 0.238 m^3/min,这对钢水表面的化渣有利	保护渣消耗量稳定,使用EMBr后结晶器弯月面保护渣壳减少2/3,挑渣间歇延长(由随时挑渣条变为时隔 30～40 min 挑一次),窄面的渣条减少尤甚
电磁制动使钢水注流的冲击深度降低,在制动磁轭以下区域钢水流动稳定、均匀,使结晶器热流密度均匀稳定,铸坯纵裂倾向降低	热流密度稳定,结晶器进出口水温差波动减小,两侧面和两宽面温差波动减小。未出现批量纵裂,铸坯表面质量有所改善
电磁制动对钢水中大尺度夹杂物颗粒(或渣液滴)有良好的上浮去除能力,但对细小的颗粒上浮去除的能力有限	成品夹杂物含量减少,所检试样中大颗粒外来夹杂物很少
电磁制动具有良好的钢水流场调控能力,在液面以下 0.5～0.7 m 处,钢水呈稳定的均匀流动状态,有利提高铸坯拉速并防止漏钢和纵向热裂	拉速稳定上升,70 mm 厚断面拉速稳定在 4.2 m/min 以上,最高达 4.8 m/min。在高拉速下漏钢率仍维持在较低水平
电磁制动使钢水注流对结晶器窄边的最大冲击位置上升 40%,上升流冲刷强度下降了 86%,下降流下降了 10%,这有利于避免发生铸坯初凝壳被钢水热流重熔等现象,从而减少铸坯横裂等凝固缺陷	横向热裂等初凝壳受冲刷所导致的凝固缺陷明显减少

7.3 小结

• 通过 EMBr 工业试验,在湖南华菱涟钢 EMBr 实测电流与磁通量关系的基础上,制定了不同断面的铸坯在不同拉速下 EMBr 的制

动电流。

• 现场工业试验证明，数值模拟正确地预测了生产中的工艺问题和操作结果，与 EMBr 实际使用的效果有很好的一致性。

• 采用本文研究的电磁制动参数和关键工艺，在试生产和正常生产中都取得了热轧板优等品率等质量指标提高、边裂等缺陷率下降、在提高拉速 0.4 m/min 的情况下漏钢率仍维持在 0.3%左右的水平和铸坯表面质量改善的效果。

结　论

本研究以湖南华菱涟钢第二代 CSP 连铸为研究对象，通过水力学模拟和数值模拟来解析无 EMBr 时结晶器内钢水的流动行为等冶金过程，并结合现场试生产、在线检测和质量分析来研究 EMBr 对结晶器内冶金过程和铸坯质量的影响，为提高第二代 CSP 薄板铸坯质量提供了理论和技术基础。

CSP 连铸结晶器的水力学模拟研究表明，即使对于相同规格的水口，在不同断面结晶器内钢液的流态也有很大差别，其冲击深度可达 800～1 000 mm，在结晶器中形成大范围的回流和涡流，这使得随钢水注流进入结晶器的夹杂物颗粒难以上浮，并在液面处产生明显的波动和随机的表面涡流卷渣现象。尤其对于窄断面（如 900 mm×70 mm），更应注意钢水表面保护渣的熔化性能，以及高拉速时注流对窄边初凝壳的冲击作用，防止漏钢。因此，对于不同尺寸的 CSP 铸坯断面，为减少结晶器内钢液的不稳定性和旋涡、回流等卷渣行为，以及冲击、冲刷等现象，改善其冶金过程，除优化浸入式水口结构外，还应采用电磁制动等手段来进一步提高铸坯质量。

针对数值模拟中钢水冲击和冲刷等问题，本文利用动量原理，将钢水在结晶器壁面或铸坯凝固初凝壳前沿的动量转换为对固体界面的冲量，推出钢水对结晶器内壁或铸坯初凝壳冲击作用的模型：$F_x/S=\rho V_x^2-\sigma V_x B_y^2\cdot\Delta x$；并直接采用牛顿流体的内摩擦模型 $\tau=\mu\dfrac{\Delta V_z}{\Delta x}$ 来分析固体壁面所承受的钢水冲刷作用；还通过有、无电磁制动下，钢水流场之间的速度差和湍动能差来评价电磁制动的效果。

数值模拟的结果表明，以 4.5 m/min 拉速下的 1 500 mm×70 mm 断面 CSP 连铸为例，无电磁制动时，结晶器和铸坯液穴中，钢水处于

强烈环流状态，这使钢水凝固和散热不均衡和不稳定，易形成纵向热裂。而在施加电磁制动时，结晶器内钢水流场改变(在注流末段流速降幅达 0.7 m/s)，湍动能下降，湍流强度减小；钢水在结晶器窄边的回流流量比无电磁制动时增加 4.4%，弯月面处水平流速比无电磁制动时降低 60%(最大值)，水口两边无偏流，无涡流卷渣现象；钢水注流的冲击深度比无电磁制动时减小 45%，对结晶器窄边最大冲击点的位置上升 40%；在结晶器窄边处，上升流的冲刷强度降低 86%，下降流的冲刷强度降低 10%；在液面下 500～700 mm 处，钢水流动发展为稳定的一维层流。这些现象，有利于减少铸坯局部初凝壳被钢水热流重熔和漏钢等现象，实现铸坯均衡凝固，防止横裂、纵裂等凝固缺陷，促进夹杂物上浮和表面化渣，提高连铸拉速和铸坯质量。

在湖南华菱涟钢生产现场，就同一炉钢在 4.5 m/min 拉速下，针对有无电磁制动的情况进行在线实测和取样，对比分析结果显示：电磁制动使铸坯中显微夹杂物总量降低 6.9%，其中铸坯中心区域夹杂物数量降低 15.6%；而对大型夹杂物来说，电磁制动使 200～300 μm 夹杂物降低 15.9%，300～400 μm 夹杂物降低 30.2%，大于 400 μm 的夹杂物降低 39.1%。同时，电磁制动还使弯月面钢水温度平均上升 5.8℃；使弯月面波动的幅度平均降低 16%。

实际生产的统计结果表明，本文数值模拟正确地预测了生产中的工艺问题和操作结果，与实际使用效果有很好的一致性。采用本文研究的电磁制动参数和关键工艺，生产过程稳定顺行，取得热轧板优等品率等质量指标提高，边裂等铸造缺陷率下降，铸坯表面质量改善的效果。

最后，本文对 1 500×70 mm 的宽断面铸坯，在 5.5 m/min 高拉速条件下的电磁制动工艺进行了技术基础研究。结果表明，在 5.5 m/min 高拉速条件下，未经电磁制动的钢水在结晶器中的冲击深度超过 1 m，水口下方形成了强烈的回流和涡流区域；对结晶器的最大冲击强度达到 85 N/m^2，其作用点为液面下 0.55 m 处，冲击区域的宽度约 0.35 m；同时液面流场呈偏流，在浸入式水口两侧有明显涡流。而在

施加 220～300 A 制动电流时，钢水注流的冲击深度低于 0.5 m，对结晶器的最大冲击点在液面下 0.3 m 位置，当制动电流 300 A 时，钢水冲击区域的宽度为 0.2 m。同时，水口下方的涡流及回流的范围降低，液面偏流基本消除，钢水自结晶器窄面至中心的流场相对均匀。与无电磁制动的情况相比，此时钢水减速和湍动能降低幅度最大的区域在注流末端，表现为钢水涡流强度下降，对结晶器窄面内壁或铸坯初凝壳无直接冲击。在本文模拟的电磁制动条件下，钢水在结晶器内 0.3 m 深度处已基本无上升流，在 0.6 m 深度处流速分别已基本平均，呈现为稳定的一维层流。就上述电磁制动效果而言，电流 300 A 比 200 A 的制动效果更明显，因此，在高拉速下，宜采用 300 A 以上的电流进行电磁制动。

本文工作的创新点

本文对于电磁制动和浸入式水口对结晶器内的冶金过程和铸坯质量的影响，尤其是在第二代高速 CSP 薄板坯铸机的理论研究和应用方面，利用水力学模拟和数值模拟等研究方法，并结合生产现场的检测和实测，以及相关的仪器分析，进行了比较系统的定量或者半定量研究，得到了以下有创新意义的成果。

1. 通过水力学模拟实验，对 CSP 连铸水口在不同坯型断面和拉速下的注流流态，以及夹杂物颗粒的运动规律，钢水的冲击深度，湍流和回流，液面的波动与卷渣行为等有了直观和清晰的认识，有助于改善和优化浇注工艺。

2. 提出了钢水对结晶器内壁和铸坯初凝壳的冲击或冲刷强度的半定量分析方法，可以判断钢水对初凝壳的最大冲击点、冲击区域、冲击强度等，而以前人们对此只能作定性分析；提出了定量描述电磁制动下钢水流场和电磁制动效果的两种方法（速度差和湍动能差），用来进行有、无电磁制动时钢水的流态、湍流等对比分析。

3. 对于钢水液面波动导致钢水表面卷渣的问题，本文研究证明，液面的水平流速过大并偏流，导致在水口两侧产生的绕流涡流是卷渣的直接原因，而电磁制动可有效地防止这种随机的表面涡流。

4. 对电磁制动条件下结晶器内钢水的湍流、冲击、冲刷、卷渣和制动等行为，以及对夹杂物的运动和去除、铸坯初凝壳的热裂和纵裂倾向、钢水液面的温度和化渣能力等影响进行了分析，在此基础上制定了电磁制动工艺参数，并进行了工业试验和生产运用，取得了正确预测技术要素和操作现象，与实际使用效果一致的效果。

5. 实际生产的统计结果表明，使用本文研究的电磁制动参数和关键工艺，生产过程稳顺。在生产中取得了热轧板优等品率等质量

指标提高、边裂等缺陷率下降、铸坯表面质量改善等成果，推动了 CSP 连铸电磁制动技术和工艺的开发、优化及自主创新。

6．对 1 500 mm×70 mm 宽断面，在 5.5 m/min 高拉速下的连铸电磁制动工艺进行了技术基础研究，获得了制动电流和钢水流动行为等基本参数及效果预测，为今后进一步优化电磁制动工艺，提高生产率建立了基础，为发展高拉速下 CSP 连铸的电磁制动工艺提供了理论和实践依据。

附录一 文中符号说明

C_d	钢水阻力系数/无量纲；
d_p	粒子直径/[m]；
F_g	夹杂物粒子的重力/[N]；
F_f	夹杂物粒子的浮力/[N]；
F_d	黏性阻力/[N]；
F_A	附加质量力/[N]；
F_p	由粒子周围流体压差引起的力/[N]；
F_{part}	分离力/[N]；
F_h	Basset 力/[N]；
Re	雷诺数/无量纲；
t	时间/[s]；
V	粒子中心处未经干扰的流体速度/[m/s]；
V_p	粒子的瞬时速度/[m/s]；
x_p	粒子位置的坐标向量；
ρ_p	粒子密度/[kg/m³]；
ρ_f，ρ_l	流体密度/[kg/m³]；
μ	流体的动力黏度系数/[N·s/m²]；
ξ	夹杂物导电率与流体导电率之比。

附录二　波谷、波峰情况对比基础数据

（单位：mm）

炉　号	有/无EMBr	序号	波谷	波峰	波谷平均	波峰平均	有 EMBr 与无 EMBr 比	
							波谷平均减小	波峰平均减小
5341170	有	1	2.30	3.17	2.38	2.37	0.78	0.52
		2	1.85	2.40				
		3	2.82	2.51				
		4	2.49	2.58				
		5	2.54	2.04				
		6	3.30	2.49				
		7	2.19	2.18				
		8	2.52	2.37				
		9	1.99	1.98				
		10	1.8	1.97				
	无	11	4.28	3.05	3.16	2.89		
		12	3.86	2.87				
		13	3.59	2.84				
		14	3.29	3.47				
		15	2.33	2.90				
		16	2.07	3.09				
		17	2.76	2.84				

续 表

炉 号	有/无 EMBr	序号	波谷	波峰	波谷平均	波峰平均	有 EMBr 与无 EMBr 比	
							波谷平均减小	波峰平均减小
5341170	无	18	3.05	2.58	3.16	2.89	0.78	0.52
		19	2.78	2.33				
		20	3.56	2.97				
5101209	有	1	4.20	2.89	2.94	2.72	0.26	0.25
		2	1.92	3.19				
		3	2.58	2.24				
		4	2.70	2.28				
		5	3.19	3.12				
		6	3.07	2.98				
		7	3.11	2.48				
		8	2.96	2.36				
		9	2.61	2.36				
		10	3.03	3.30				
	无	11	3.27	2.64	3.20	2.97		
		12	2.16	2.46				
		13	3.50	3.69				
		14	2.64	2.88				
		15	3.87	3.05				
		16	2.73	2.21				
		17	4.28	2.67				
		18	3.26	3.96				

续　表

<table>
<tr><th rowspan="2">炉　号</th><th rowspan="2">有/无EMBr</th><th rowspan="2">序号</th><th rowspan="2">波谷</th><th rowspan="2">波峰</th><th rowspan="2">波谷平均</th><th rowspan="2">波峰平均</th><th colspan="2">有 EMBr 与无 EMBr 比</th></tr>
<tr><th>波谷平均减小</th><th>波峰平均减小</th></tr>
<tr><td rowspan="2">5101209</td><td rowspan="2">无</td><td>19</td><td>3.45</td><td>2.66</td><td rowspan="2">3.20</td><td rowspan="2">2.97</td><td rowspan="2">0.26</td><td rowspan="2">0.25</td></tr>
<tr><td>20</td><td>2.82</td><td>3.45</td></tr>
<tr><td rowspan="20">5341171</td><td rowspan="10">有</td><td>1</td><td>2.07</td><td>2.28</td><td rowspan="10">2.68</td><td rowspan="10">2.32</td><td rowspan="20">0.30</td><td rowspan="20">0.72</td></tr>
<tr><td>2</td><td>2.88</td><td>2.24</td></tr>
<tr><td>3</td><td>1.78</td><td>2.18</td></tr>
<tr><td>4</td><td>3.02</td><td>2.37</td></tr>
<tr><td>5</td><td>4.03</td><td>2.54</td></tr>
<tr><td>6</td><td>2.91</td><td>2.16</td></tr>
<tr><td>7</td><td>2.98</td><td>2.81</td></tr>
<tr><td>8</td><td>2.56</td><td>2.44</td></tr>
<tr><td>9</td><td>2.35</td><td>1.92</td></tr>
<tr><td>10</td><td>2.23</td><td>2.23</td></tr>
<tr><td rowspan="10">无</td><td>11</td><td>2.72</td><td>2.82</td><td rowspan="10">2.98</td><td rowspan="10">3.04</td></tr>
<tr><td>12</td><td>3.32</td><td>3.00</td></tr>
<tr><td>13</td><td>3.09</td><td>3.18</td></tr>
<tr><td>14</td><td>2.96</td><td>4.02</td></tr>
<tr><td>15</td><td>2.99</td><td>2.25</td></tr>
<tr><td>16</td><td>3.69</td><td>3.03</td></tr>
<tr><td>17</td><td>1.98</td><td>3.02</td></tr>
<tr><td>18</td><td>3.18</td><td>2.54</td></tr>
<tr><td>19</td><td>2.76</td><td>2.96</td></tr>
<tr><td>20</td><td>3.08</td><td>3.54</td></tr>
</table>

续 表

炉 号	有/无 EMBr	序号	波谷	波峰	波谷平均	波峰平均	有 EMBr 与无 EMBr 比	
							波谷平均减小	波峰平均减小
5101235	有	1	3.25	2.83	2.96	3.12	0.42	0.07
		2	4.21	3.47				
		3	2.09	2.73				
		4	2.84	3.59				
		5	2.82	4.55				
		6	2.90	3.40				
		7	2.52	3.27				
		8	3.35	1.94				
		9	2.65	2.66				
		10	2.97	2.71				
	无	11	2.55	1.99	3.38	3.19		
		12	2.23	2.21				
		13	3.08	3.02				
		14	4.70	3.67				
		15	3.01	2.93				
		16	3.29	3.40				
		17	3.67	4.55				
		18	3.81	2.95				
		19	3.52	3.77				
		20	3.97	3.42				

续 表

炉 号	有/无 EMBr	序号	波谷	波峰	波谷平均	波峰平均	有 EMBr 与无 EMBr 比	
							波谷平均减小	波峰平均减小
5341178	有	1	3.53	2.00	2.86	2.52	0.19	0.66
		2	3.48	2.53				
		3	2.55	2.16				
		4	2.31	2.97				
		5	2.54	3.24				
		6	2.18	2.31				
		7	2.39	3.03				
		8	3.65	2.28				
		9	3.57	2.35				
		10	2.37	2.36				
	无	11	2.72	4.02	3.05	3.18		
		12	5.30	4.01				
		13	2.87	4.14				
		14	2.82	3.20				
		15	2.37	2.96				
		16	2.37	2.30				
		17	3.30	2.15				
		18	2.16	3.96				
		19	3.36	2.58				
		20	3.21	2.51				

续 表

炉 号	有/无 EMBr	序号	波谷	波峰	波谷平均	波峰平均	有 EMBr 与无 EMBr 比	
							波谷平均减小	波峰平均减小
5101236	有	1	2.88	2.33	2.45	2.60	1.15	0.38
		2	2.76	2.48				
		3	2.73	2.60				
		4	3.38	3.33				
		5	2.24	2.12				
		6	2.59	2.24				
		7	3.32	2.18				
		8	0.09	2.94				
		9	4.25	3.36				
		10	0.24	2.39				
	无	11	3.00	2.63	3.60	2.98		
		12	3.23	3.09				
		13	3.87	3.80				
		14	4.55	3.20				
		15	4.20	3.06				
		16	3.29	2.90				
		17	3.89	2.7				
		18	2.73	2.46				
		19	/	/				
		20	/	/				

续　表

炉　号	有/无 EMBr	序号	波谷	波峰	波谷平均	波峰平均	有 EMBr 与无 EMBr 比	
							波谷平均减小	波峰平均减小
5341249	有	1	2.54	3.18	2.71	2.71	0.04	0
		2	2.70	2.73				
		3	3.65	3.45				
		4	3.21	3.49				
		5	2.16	2.15				
		6	2.25	2.24				
		7	2.33	2.24				
		8	2.61	2.94				
		9	2.28	2.36				
		10	3.38	2.28				
	无	11	2.42	3.02	2.75	2.71		
		12	3.03	2.77				
		13	2.89	2.52				
		14	2.68	2.38				
		15	2.62	2.94				
		16	3.19	2.58				
		17	2.66	2.94				
		18	3.13	2.70				
		19	2.67	2.89				
		20	2.17	2.32				

续 表

炉 号	有/无EMBr	序号	波谷	波峰	波谷平均	波峰平均	有EMBr与无EMBr比	
							波谷平均减小	波峰平均减小
5341252	有	1	1.50	2.68	2.79	2.55	0.88	1.22
		2	3.36	3.12				
		3	2.67	2.20				
		4	3.43	2.49				
		5	3.85	2.38				
		6	2.73	2.70				
		7	2.49	2.43				
		8	2.18	2.21				
		9	3.12	2.65				
		10	2.59	2.68				
	无	11	3.02	3.59	3.67	3.77		
		12	4.50	3.98				
		13	3.90	3.74				
		14	3.33	3.69				
		15	4.19	4.14				
		16	3.93	4.26				
		17	3.56	3.69				
		18	3.23	3.60				
		19	3.57	3.57				
		20	3.49	3.42				

续 表

炉 号	有/无 EMBr	序号	波谷	波峰	波谷平均	波峰平均	有 EMBr 与无 EMBr 比	
							波谷平均减小	波峰平均减小
5101300	有	1	2.97	2.64	2.65	2.53	0.29	0.08
		2	2.48	2.68				
		3	2.27	2.33				
		4	2.57	2.87				
		5	2.25	2.91				
		6	2.85	2.36				
		7	2.48	2.59				
		8	2.37	2.36				
		9	3.03	2.39				
		10	3.27	2.13				
	无	11	3.43	2.26	2.94	2.61		
		12	3.34	2.37				
		13	2.71	2.07				
		14	2.14	2.52				
		15	2.88	3.01				
		16	2.80	2.44				
		17	2.19	2.70				
		18	3.42	2.77				
		19	2.58	3.64				
		20	3.91	2.32				

续 表

炉 号	有/无 EMBr	序号	波谷	波峰	波谷平均	波峰平均	有EMBr与无EMBr比	
							波谷平均减小	波峰平均减小
5341256	有	1	2.21	2.91	2.95	2.74	0.58	0.05
		2	3.48	2.67				
		3	2.29	2.49				
		4	3.64	3.04				
		5	3.45	2.62				
		6	2.25	2.14				
		7	2.53	2.82				
		8	3.40	2.35				
		9	2.89	2.95				
		10	3.37	3.37				
	无	11	5.33	2.69	3.53	2.79		
		12	5.91	3.05				
		13	3.32	2.15				
		14	2.45	1.97				
		15	2.52	2.63				
		16	2.84	2.73				
		17	2.79	2.87				
		18	3.42	4.07				
		19	3.77	2.70				
		20	2.91	3.05				

续　表

炉　号	有/无 EMBr	序号	波谷	波峰	波谷平均	波峰平均	有 EMBr 与无 EMBr 比	
							波谷平均减小	波峰平均减小
5221275	有	1	3.11	2.92	2.76	2.63	0.67	0.52
		2	2.77	2.49				
		3	2.58	2.10				
		4	2.22	2.22				
		5	2.44	2.38				
		6	3.82	2.89				
		7	3.01	3.15				
		8	2.52	3.05				
		9	2.31	2.41				
		10	2.83	2.67				
	无	11	2.18	2.82	3.43	3.15		
		12	3.36	2.64				
		13	3.72	2.96				
		14	4.25	3.26				
		15	3.33	3.05				
		16	3.27	3.44				
		17	3.47	3.42				
		18	3.36	3.38				
		19	3.35	3.21				
		20	3.96	3.36				

续 表

炉 号	有/无 EMBr	序号	波谷	波峰	波谷平均	波峰平均	有 EMBr 与无 EMBr 比	
							波谷平均减小	波峰平均减小
5101302	有	1	2.37	2.79	2.87	2.70	0.47	0.54
		2	2.76	2.14				
		3	2.31	2.97				
		4	2.78	2.01				
		5	3.86	2.59				
		6	3.26	3.41				
		7	3.14	1.97				
		8	3.13	3.77				
		9	2.73	2.94				
		10	2.37	2.45				
	无	11	4.26	3.32	3.34	3.24		
		12	3.66	3.25				
		13	3.47	3.47				
		14	2.73	3.09				
		15	2.92	3.72				
		16	3.88	3.14				
		17	2.78	2.81				
		18	3.61	3.60				
		19	2.88	3.16				
		20	3.25	2.88				

续 表

炉 号	有/无EMBr	序号	波谷	波峰	波谷平均	波峰平均	有 EMBr 与无 EMBr 比	
							波谷平均减小	波峰平均减小
5341538	有	1	2.22	1.92	2.79	2.99	0.25	0.05
		2	2.84	3.63				
		3	3.14	2.84				
		4	2.91	3.02				
		5	2.37	3.00				
		6	2.58	3.87				
		7	2.86	2.25				
		8	2.67	2.72				
		9	2.49	3.76				
		10	3.81	2.84				
	无	11	3.26	3.27	3.04	3.04		
		12	2.97	2.93				
		13	2.58	1.89				
		14	2.82	2.81				
		15	3.39	3.71				
		16	2.34	2.40				
		17	3.21	3.12				
		18	3.83	3.63				
		19	3.30	2.88				
		20	2.69	3.71				

续 表

炉 号	有/无 EMBr	序号	波谷	波峰	波谷平均	波峰平均	有 EMBr 与无 EMBr 比	
							波谷平均减小	波峰平均减小
5101611	有	1	2.61	3.21	3.46	3.46	2.59	1.88
		2	3.23	2.67				
		3	4.49	4.89				
		4	3.57	3.97				
		5	3.95	3.10				
		6	4.01	2.89				
		7	3.09	2.71				
		8	3.30	3.87				
		9	3.23	3.57				
		10	3.14	3.68				
	无	11	6.31	5.57	6.05	5.34		
		12	5.76	5.86				
		13	6.00	5.36				
		14	6.68	5.28				
		15	5.56	5.85				
		16	6.99	5.28				
		17	5.24	4.69				
		18	6.52	5.00				
		19	5.82	5.63				
		20	5.63	4.88				

续　表

炉 号	有/无EMBr	序号	波谷	波峰	波谷平均	波峰平均	有 EMBr 与无 EMBr 比	
							波谷平均减小	波峰平均减小
5221585	有	1	3.30	3.06	2.96	2.88	0.55	0.27
		2	4.95	2.73				
		3	2.16	3.81				
		4	2.54	2.67				
		5	3.27	3.50				
		6	2.37	2.19				
		7	3.93	2.69				
		8	2.58	2.71				
		9	2.33	2.64				
		10	2.15	2.82				
	无	11	3.18	3.15	3.51	3.15		
		12	3.54	3.29				
		13	3.45	2.94				
		14	4.11	2.86				
		15	3.89	3.54				
		16	3.27	3.06				
		17	3.83	3.56				
		18	3.39	3.06				
		19	3.51	3.03				
		20	2.97	2.96				

续 表

炉 号	有/无EMBr	序号	波谷	波峰	波谷平均	波峰平均	有EMBr与无EMBr比	
							波谷平均减小	波峰平均减小
5341542	有	1	1.32	2.77	2.82	2.88	0.51	0.67
		2	2.91	3.05				
		3	2.82	2.98				
		4	2.86	3.36				
		5	2.44	3.00				
		6	2.89	2.76				
		7	2.82	2.37				
		8	3.29	2.65				
		9	3.44	3.24				
		10	3.38	2.63				
	无	11	3.57	4.14	3.33	3.55		
		12	4.35	4.34				
		13	4.36	3.48				
		14	3.19	4.59				
		15	3.96	2.92				
		16	2.04	2.75				
		17	2.67	3.13				
		18	2.73	3.08				
		19	3.11	4.14				
		20	3.29	2.88				

续 表

炉 号	有/无 EMBr	序号	波谷	波峰	波谷平均	波峰平均	有 EMBr 与无 EMBr 比	
							波谷平均减小	波峰平均减小
5221584	有	1	3.41	1.92	2.76	2.76	1.29	0.23
		2	2.98	2.98				
		3	2.30	2.94				
		4	3.14	2.85				
		5	2.63	2.19				
		6	3.03	3.31				
		7	2.90	3.26				
		8	2.91	2.67				
		9	2.48	3.10				
		10	1.81	2.33				
	无	11	2.82	2.21	4.05	2.99		
		12	3.00	2.58				
		13	3.12	3.66				
		14	2.96	2.60				
		15	2.96	3.09				
		16	3.59	3.90				
		17	10.11	3.18				
		18	3.77	2.94				
		19	4.50	2.77				
		20	3.69	2.97				

续 表

炉 号	有/无 EMBr	序号	波谷	波峰	波谷平均	波峰平均	有 EMBr 与无 EMBr 比	
							波谷平均减小	波峰平均减小
5341543	有	1	3.09	2.75	3.13	2.72	0.19	0.39
		2	4.81	2.61				
		3	2.94	3.33				
		4	2.61	2.54				
		5	2.25	3.08				
		6	3.01	2.61				
		7	2.90	2.31				
		8	2.84	2.35				
		9	3.31	2.85				
		10	3.57	2.73				
	无	11	2.81	3.23	3.32	3.11		
		12	2.34	2.91				
		13	2.43	2.30				
		14	3.06	3.08				
		15	3.74	2.00				
		16	2.96	3.65				
		17	2.94	2.01				
		18	5.11	3.56				
		19	4.43	3.71				
		20	3.39	4.62				

续 表

炉 号	有/无 EMBr	序号	波谷	波峰	波谷平均	波峰平均	有 EMBr 与无 EMBr 比	
							波谷平均减小	波峰平均减小
5221587	有	1	2.77	3.05	2.82	2.97	1.39	1.52
		2	2.67	2.39				
		3	2.64	2.73				
		4	2.33	2.84				
		5	2.39	2.64				
		6	2.63	2.35				
		7	2.63	3.33				
		8	3.10	2.69				
		9	3.78	3.65				
		10	3.21	4.04				
	无	11	3.94	4.43	4.21	4.49		
		12	4.70	5.11				
		13	4.13	5.00				
		14	4.64	5.04				
		15	5.86	4.58				
		16	4.08	5.05				
		17	3.88	3.98				
		18	3.87	3.96				
		19	2.65	3.80				
		20	4.35	3.98				

续 表

炉 号	有/无 EMBr	序号	波谷	波峰	波谷平均	波峰平均	有 EMBr 与无 EMBr 比	
							波谷平均减小	波峰平均减小
5101600	有	1	2.98	2.18	2.45	2.45	0.35	0.07
		2	2.18	2.82				
		3	2.30	2.77				
		4	2.21	2.22				
		5	2.19	2.69				
		6	2.43	2.38				
		7	3.10	1.44				
		8	2.40	2.68				
		9	2.25	2.16				
		10	2.44	3.17				
	无	11	2.57	2.64	2.80	2.52		
		12	3.23	2.67				
		13	2.91	2.37				
		14	3.52	2.48				
		15	2.84	2.73				
		16	2.69	2.30				
		17	2.57	2.34				
		18	2.43	2.43				
		19	2.21	2.79				
		20	3.00	2.49				

续 表

炉 号	有/无 EMBr	序号	波谷	波峰	波谷平均	波峰平均	有 EMBr 与无 EMBr 比	
							波谷平均减小	波峰平均减小
5101602	有	1	2.79	2.81	3.07	2.70	0.34	0.60
		2	2.27	2.63				
		3	3.99	2.30				
		4	2.30	3.02				
		5	3.57	3.35				
		6	3.06	2.57				
		7	2.88	2.26				
		8	3.17	2.58				
		9	3.40	2.67				
		10	3.26	2.77				
	无	11	3.29	3.11	3.41	3.30		
		12	2.91	3.73				
		13	5.11	3.36				
		14	2.79	2.94				
		15	3.52	3.42				
		16	3.66	3.01				
		17	3.85	3.86				
		18	3.57	3.65				
		19	2.58	2.76				
		20	2.86	3.14				

续 表

炉 号	有/无 EMBr	序号	波谷	波峰	波谷平均	波峰平均	有 EMBr 与无 EMBr 比	
							波谷平均减小	波峰平均减小
5101604	有	1	2.88	2.73	2.79	2.49	0	0.22
		2	2.21	2.39				
		3	2.15	2.76				
		4	2.82	2.84				
		5	3.18	2.44				
		6	2.70	2.10				
		7	2.58	1.93				
		8	3.09	2.16				
		9	3.47	2.66				
		10	2.82	2.91				
	无	11	3.21	3.22	2.79	2.71		
		12	3.39	3.57				
		13	2.18	2.42				
		14	3.06	2.83				
		15	2.30	2.51				
		16	2.85	2.19				
		17	2.60	2.60				
		18	3.06	2.37				
		19	2.36	2.73				
		20	2.88	2.64				

续 表

炉 号	有/无EMBr	序号	波谷	波峰	波谷平均	波峰平均	有EMBr与无EMBr比	
							波谷平均减小	波峰平均减小
5101601	有	1	3.40	2.82	2.76	2.66	0.03	0.11
		2	2.90	2.72				
		3	3.18	2.46				
		4	2.33	2.81				
		5	2.36	2.71				
		6	2.51	2.28				
		7	2.76	2.91				
		8	2.23	2.54				
		9	2.64	2.73				
		10	3.33	2.61				
	无	11	2.40	2.58	2.79	2.77		
		12	2.33	2.49				
		13	2.98	2.84				
		14	2.40	2.98				
		15	3.46	2.63				
		16	2.23	2.36				
		17	2.40	3.24				
		18	3.14	2.30				
		19	3.45	3.30				
		20	3.09	2.94				

附录三　结晶器弯月面温度对比基础数据

（表中“T_1”、“T_2”分别指有和无 EMBr 时中包温度；“＋”、“－”指上升和下降）

1. 弯月面窄面温度对比基础数据

51006500 炉

中包温差（T_1-T_2）/℃	热电偶编号	有 EMBr /℃		无 EMBr /℃		有 EMBr 与无 EMBr 比温度上升/℃ 不考虑中包温度	有 EMBr 与无 EMBr 比温度上升/℃ 考虑中包温度
＋4	1	最高	140	最高	130	＋10	＋14
		最低	100	最低	100	0	＋4
		平均	128	平均	122.5	＋5.5	＋9.5
	2	最高	140	最高	130	＋10	＋14
		最低	100	最低	100	0	＋4
		平均	128.7	平均	122.2	＋6.5	＋10.5
	11	最高	110	最高	100	＋10	＋14
		最低	90	最低	90	0	＋4
		平均	99.2	平均	96.4	＋2.8	＋6.8
	12	最高	150	最高	150	0	＋4
		最低	100	最低	100	0	＋4
		平均	138.3	平均	133.7	＋4.6	＋8.6
有 EMBr 与无 EMBr 比温度平均上升/℃						＋4.9	＋8.9

5340620 炉

中包温差 (T_1-T_2) /℃	热电偶编号	有 EMBr /℃		无 EMBr /℃		有 EMBr 与无 EMBr 比温度上升/℃	
						不考虑中包温度	考虑中包温度
−1	1	最高	140	最高	130	+10	+9
		最低	100	最低	100	0	−1
		平均	127.2	平均	123.5	+3.7	+2.7
	2	最高	140	最高	140	0	−1
		最低	100	最低	100	0	−1
		平均	127.2	平均	126.7	+0.5	−0.5
	11	最高	110	最高	110	0	−1
		最低	90	最低	90	0	−1
		平均	97.1	平均	97.6	−0.5	−1.5
	12	最高	150	最高	140	+10	+9
		最低	100	最低	100	0	−1
		平均	136.5	平均	135.2	+1.3	+0.3
有 EMBr 与无 EMBr 比温度平均上升/℃						+1.3	+0.3

5341170炉

中包温差 (T_1-T_2) /℃	热电偶编号	有EMBr /℃		无EMBr /℃		有EMBr与无EMBr比温度上升/℃	
						不考虑中包温度	考虑中包温度
−1	1	最高	140	最高	130	+10	+9
		最低	100	最低	100	0	−1
		平均	129.9	平均	122.6	+7.3	+6.3
	2	最高	140	最高	130	+10	+9
		最低	100	最低	100	0	−1
		平均	129.6	平均	121.9	+7.7	+6.7
	11	最高	6 600	最高	6 600	0	−1
		最低	6 000	最低	6 000	0	−1
		平均	/	平均	/	/	/
	12	最高	140	最高	130	+10	+9
		最低	100	最低	100	0	−1
		平均	132.7	平均	123.6	+9.1	+8.1
有EMBr与无EMBr比温度平均上升/℃						+8.0	+7.0

5341171 炉

中包温差 (T_1-T_2)/℃	热电偶编号	有 EMBr/℃		无 EMBr/℃		有 EMBr 与无 EMBr 比温度上升/℃	
						不考虑中包温度	考虑中包温度
+2	1	最高	140	最高	140	0	+2
		最低	100	最低	100	0	+2
		平均	130	平均	131	−1	+1
	2	最高	140	最高	140	0	+2
		最低	100	最低	100	0	+2
		平均	130.7	平均	132.9	−1.2	+0.8
	11	最高	6 600	最高	6 600	0	+2
		最低	6 000	最低	6 000	0	+2
		平均	/	平均	/	/	/
	12	最高	140	最高	140	0	+2
		最低	100	最低	100	0	+2
		平均	136.8	平均	129.4	+7.4	+9.4
有 EMBr 与无 EMBr 比温度平均上升/℃						+1.7	+3.7

5101209炉

中包温差 (T_1-T_2) /℃	热电偶编号	有EMBr /℃		无EMBr /℃		有EMBr与无EMBr比温度上升/℃	
						不考虑中包温度	考虑中包温度
+4	1	最高	140	最高	140	0	+4
		最低	100	最低	100	0	+4
		平均	130.8	平均	127.3	+3.5	+7.5
	2	最高	140	最高	140	0	+4
		最低	100	最低	100	0	+4
		平均	131.4	平均	130.5	+0.9	+4.9
	11	最高	6 600	最高	6 600	0	+4
		最低	6 000	最低	6 000	0	+4
		平均	/	平均	/	/	/
	12	最高	140	最高	140	0	+4
		最低	100	最低	100	0	+4
		平均	136.2	平均	132.8	+3.4	+7.4
有EMBr与无EMBr比温度平均上升/℃						+2.6	+6.6

5101235 炉

中包温差 (T_1-T_2) /℃	热电偶编号	有 EMBr /℃		无 EMBr /℃		有 EMBr 与无 EMBr 比温度上升/℃	
						不考虑中包温度	考虑中包温度
+1	1	最高	140	最高	140	0	+1
		最低	100	最低	100	0	+1
		平均	125.6	平均	124.3	+1.3	+2.3
	2	最高	140	最高	140	0	+1
		最低	100	最低	100	0	+1
		平均	127.9	平均	126.6	+1.3	+2.3
	11	最高	6 600	最高	6 600	0	+1
		最低	6 000	最低	6 000	0	+1
		平均	/	平均	/	/	/
	12	最高	140	最高	130	+10	+11
		最低	100	最低	100	0	+1
		平均	124.6	平均	120.4	+4.2	+5.2
有 EMBr 与无 EMBr 比温度平均上升/℃						+2.3	+3.3

5341178 炉

中包温差 (T_1-T_2) /℃	热电偶编号	有 EMBr /℃		无 EMBr /℃		有 EMBr 与无 EMBr 比温度上升/℃	
						不考虑中包温度	考虑中包温度
+9	1	最高	150	最高	140	+10	+19
		最低	100	最低	100	0	+9
		平均	128.5	平均	123.7	+4.8	+13.8
	2	最高	140	最高	140	0	+9
		最低	100	最低	100	0	+1
		平均	130.1	平均	129.8	+0.3	+9.3
	11	最高	6 600	最高	6 600	0	+9
		最低	6 000	最低	6 000	0	+9
		平均	/	平均	/	/	/
	12	最高	140	最高	130	+10	+19
		最低	100	最低	100	0	+9
		平均	126.2	平均	122.7	+3.5	+12.5
有 EMBr 与无 EMBr 比温度平均上升/℃						+2.9	+11.9

5101236 炉

中包温差(T_1-T_2)/℃	热电偶编号	有 EMBr/℃		无 EMBr/℃		有 EMBr 与无 EMBr 比温度上升/℃	
						不考虑中包温度	考虑中包温度
+1	1	最高	140	最高	140	0	+1
		最低	100	最低	100	0	+1
		平均	126	平均	125.9	+0.1	+1.1
	2	最高	140	最高	140	0	+1
		最低	100	最低	100	0	+1
		平均	129.1	平均	127.6	+1.5	+2.5
	11	最高	6 600	最高	6 600	0	+1
		最低	6 000	最低	6 000	0	+1
		平均	/	平均	/	/	/
	12	最高	130	最高	130	0	+1
		最低	100	最低	100	0	+1
		平均	121.4	平均	120.9	+0.5	+1.5
有 EMBr 与无 EMBr 比温度平均上升/℃						+0.7	+1.7

5221584炉

中包温差(T_1-T_2)/℃	热电偶编号	有EMBr/℃		无EMBr/℃		有EMBr与无EMBr比温度上升/℃	
						不考虑中包温度	考虑中包温度
+1	1	最高	200	最高	200	0	+1
		最低	0	最低	0	0	+1
		平均	140.8	平均	123.7	+17.1	+18.1
	2	最高	200	最高	200	0	+1
		最低	0	最低	0	0	+1
		平均	139	平均	120.4	+18.6	+19.6
	11	最高	160	最高	160	0	+1
		最低	100	最低	100	0	+1
		平均	144.5	平均	144.7	−0.2	+0.8
	12	最高	6 600	最高	6 600	0	+1
		最低	6 000	最低	600	5 400	+5 401
		平均	/	平均	/	/	/
有EMBr与无EMBr比温度平均上升/℃						+11.8	+12.8

5101612炉

中包温差（T_1-T_2）/℃	热电偶编号	有EMBr /℃		无EMBr /℃		有EMBr与无EMBr比温度上升/℃	
						不考虑中包温度	考虑中包温度
+2	1	最高	200	最高	200	0	+2
		最低	0	最低	0	0	+2
		平均	143.4	平均	128.4	+15	+17
	2	最高	200	最高	200	0	+2
		最低	0	最低	0	0	+2
		平均	140.1	平均	126	+14.1	+16.1
	11	最高	160	最高	160	0	+2
		最低	100	最低	100	0	+2
		平均	148.5	平均	150.9	−2.4	−0.4
	12	最高	6 600	最高	6 600	0	+2
		最低	6 000	最低	6 000	0	+2
		平均	/	平均	/	/	/
有EMBr与无EMBr比温度平均上升/℃						+8.9	+10.9

5101598 炉

中包温差（T_1-T_2）/℃	热电偶编号	有 EMBr /℃		无 EMBr /℃		有 EMBr 与无 EMBr 比温度上升/℃	
						不考虑中包温度	考虑中包温度
+4	1	最高	200	最高	200	0	+4
		最低	0	最低	0	0	+4
		平均	130.7	平均	118.6	+12.1	+16.1
	2	最高	200	最高	200	0	+4
		最低	0	最低	0	0	+4
		平均	129.5	平均	119.5	+10	+14
	11	最高	160	最高	160	0	+4
		最低	100	最低	100	0	+4
		平均	146	平均	143.3	+2.7	+6.7
	12	最高	6 600	最高	6 600	0	+4
		最低	6 000	最低	6 000	0	+4
		平均	/	平均	/	/	/
有 EMBr 与无 EMBr 比温度平均上升/℃						+8.3	+12.3

5101600 炉

中包温差 (T_1-T_2) /℃	热电偶编号	有 EMBr /℃		无 EMBr /℃		有 EMBr 与无 EMBr 比温度上升/℃	
						不考虑中包温度	考虑中包温度
+3	1	最高	200	最高	200	0	+3
		最低	0	最低	0	0	+3
		平均	123.8	平均	119	+4.8	+7.8
	2	最高	200	最高	200	0	+3
		最低	0	最低	0	0	+3
		平均	121.6	平均	117.7	+3.9	+6.9
	11	最高	150	最高	150	0	+3
		最低	100	最低	100	0	+3
		平均	140.5	平均	140.2	0.3	+3.3
	12	最高	6 600	最高	6 600	0	+3
		最低	6 000	最低	6 000	0	+3
		平均	/	平均	/	/	/
有 EMBr 与无 EMBr 比温度平均上升/℃						+3.0	+6.0

5101602 炉

中包温差（T_1-T_2）/℃	热电偶编号	有 EMBr /℃		无 EMBr /℃		有 EMBr 与无 EMBr 比温度上升/℃	
						不考虑中包温度	考虑中包温度
+4	1	最高	200	最高	200	0	+4
		最低	0	最低	0	0	+4
		平均	138.8	平均	119.2	+19.6	+23.6
	2	最高	200	最高	200	0	+4
		最低	0	最低	0	0	+4
		平均	137.1	平均	118.2	+18.9	+22.9
	11	最高	160	最高	160	0	+4
		最低	100	最低	100	0	+4
		平均	151.9	平均	151	+0.9	+4.9
	12	最高	6 600	最高	6 600	0	+4
		最低	6 000	最低	6 000	0	+4
		平均	/	平均	/	/	/
有 EMBr 与无 EMBr 比温度平均上升/℃						+13.1	+17.1

5221575 炉

中包温差 (T_1-T_2) /℃	热电偶编号	有 EMBr /℃		无 EMBr /℃		有 EMBr 与无 EMBr 比温度上升/℃	
						不考虑中包温度	考虑中包温度
+2	1	最高	200	最高	200	0	+2
		最低	0	最低	0	0	+2
		平均	138.5	平均	133.2	+5.3	+7.3
	2	最高	200	最高	200	0	+2
		最低	0	最低	0	0	+2
		平均	135.8	平均	130.5	+5.3	+7.3
	11	最高	160	最高	170	−10	−8
		最低	100	最低	100	0	+2
		平均	153.3	平均	155.1	−1.8	+0.2
	12	最高	6 600	最高	6 600	0	+2
		最低	6 000	最低	6 000	0	+2
		平均	/	平均	/	/	/
有 EMBr 与无 EMBr 比温度平均上升/℃						+2.9	+4.9

5101604 炉

中包温差 (T_1-T_2) /℃	热电偶编号	有 EMBr /℃		无 EMBr /℃		有 EMBr 与无 EMBr 比温度上升/℃	
						不考虑中包温度	考虑中包温度
−1	1	最高	200	最高	200	0	−1
		最低	0	最低	0	0	−1
		平均	144.7	平均	132.8	+11.9	+10.9
	2	最高	200	最高	200	0	−1
		最低	0	最低	0	0	−1
		平均	146.5	平均	131.3	+15.2	+14.2
	11	最高	160	最高	160	0	−1
		最低	100	最低	100	0	−1
		平均	146.1	平均	151.3	−5.2	−6.2
	12	最高	6 600	最高	6 600	0	−1
		最低	600	最低	6 000	0	−1
		平均	/	平均	/	/	/
有 EMBr 与无 EMBr 比温度平均上升/℃						+7.3	+6.3

5101601 炉

中包温差（T_1-T_2）/℃	热电偶编号	有 EMBr /℃		无 EMBr /℃		有 EMBr 与无 EMBr 比温度上升/℃	
						不考虑中包温度	考虑中包温度
−4	1	最高	200	最高	200	0	−4
		最低	0	最低	0	0	−4
		平均	136.8	平均	127.3	9.5	5.5
	2	最高	200	最高	200	0	−4
		最低	0	最低	0	0	−4
		平均	135.8	平均	126.9	8.9	4.9
	11	最高	150	最高	150	0	−4
		最低	100	最低	100	0	−4
		平均	143.3	平均	139.9	3.4	−0.6
	12	最高	6 600	最高	6 600	0	−4
		最低	6 000	最低	6 000	0	−4
		平均	/	平均	/	/	/
有 EMBr 与无 EMBr 比温度平均上升/℃						7.3	3.3

5341538 炉

中包温差 (T_1-T_2) /℃	热电偶编号	有 EMBr /℃		无 EMBr /℃		有 EMBr 与无 EMBr 比温度上升/℃	
						不考虑中包温度	考虑中包温度
+2	1	最高	59	最高	60	−1	+1
		最低	50	最低	50	0	+2
		平均	57.1	平均	58.32	−1.2	0.8
	2	最高	54	最高	60	−6	−4
		最低	50	最低	40	+10	+12
		平均	51.9	平均	53.8	−1.9	+0.1
	11	最高	6 600	最高	6 600	0	+2
		最低	6 000	最低	6 000	0	+2
		平均	/	平均	/	/	/
	12	最高	58	最高	59	−1	+1
		最低	50	最低	50	0	+2
		平均	56.3	平均	57.71	−1.4	+0.6
有 EMBr 与无 EMBr 比温度平均上升/℃						−1.5	+0.5

5341539 炉

中包温差 (T_1-T_2) /℃	热电偶编号	有 EMBr /℃		无 EMBr /℃		有 EMBr 与无 EMBr 比温度上升/℃	
						不考虑中包温度	考虑中包温度
+1	1	最高	59	最高	58	+1	+2
		最低	50	最低	50	0	+1
		平均	57.5	平均	57	+0.5	+1.5
	2	最高	54	最高	80	−26	−25
		最低	50	最低	40	+10	+11
		平均	51.9	平均	53	−1.1	−0.1
	11	最高	6 600	最高	6 600	0	+1
		最低	6 000	最低	6 000	0	+1
		平均	/	平均	/	/	/
	12	最高	58	最高	58	0	+1
		最低	50	最低	50	0	+1
		平均	56.7	平均	57.1	−0.4	+0.6
有 EMBr 与无 EMBr 比温度平均上升/℃						−0.3	+0.7

5101611 炉

中包温差 (T_1-T_2) /℃	热电偶编号	有 EMBr /℃		无 EMBr /℃		有 EMBr 与无 EMBr 比温度上升/℃	
						不考虑中包温度	考虑中包温度
+2	1	最高	59	最高	58	+1	+3
		最低	50	最低	50	0	+2
		平均	57.5	平均	58.2	−0.7	+1.3
	2	最高	60	最高	80	−20	−18
		最低	30	最低	40	−10	−8
		平均	52.7	平均	53.6	−0.9	+1.1
	11	最高	6 600	最高	6 600	0	+2
		最低	6 000	最低	6 000	0	+2
		平均	/	平均	/	/	/
	12	最高	58	最高	58	0	+2
		最低	50	最低	50	0	+2
		平均	56.8	平均	57	−0.2	+1.8
有 EMBr 与无 EMBr 比温度平均上升/℃						−0.6	+1.4

5341542炉

<table>
<tr><th rowspan="2">中包温差
(T_1-T_2)
/℃</th><th rowspan="2">热电
偶编
号</th><th rowspan="2" colspan="2">有EMBr
/℃</th><th rowspan="2" colspan="2">无EMBr
/℃</th><th colspan="2">有EMBr与无EMBr
比温度上升/℃</th></tr>
<tr><th>不考虑中
包温度</th><th>考虑中
包温度</th></tr>
<tr><td rowspan="12">+1</td><td rowspan="3">1</td><td>最高</td><td>60</td><td>最高</td><td>60</td><td>0</td><td>+1</td></tr>
<tr><td>最低</td><td>50</td><td>最低</td><td>50</td><td>0</td><td>+1</td></tr>
<tr><td>平均</td><td>58.6</td><td>平均</td><td>58.6</td><td>0</td><td>+1</td></tr>
<tr><td rowspan="3">2</td><td>最高</td><td>60</td><td>最高</td><td>59</td><td>+1</td><td>+2</td></tr>
<tr><td>最低</td><td>30</td><td>最低</td><td>50</td><td>−20</td><td>−19</td></tr>
<tr><td>平均</td><td>53.1</td><td>平均</td><td>54.2</td><td>−1.1</td><td>−0.1</td></tr>
<tr><td rowspan="3">11</td><td>最高</td><td>6 600</td><td>最高</td><td>6 600</td><td>0</td><td>+1</td></tr>
<tr><td>最低</td><td>6 000</td><td>最低</td><td>600</td><td>0</td><td>+1</td></tr>
<tr><td>平均</td><td>/</td><td>平均</td><td>/</td><td>/</td><td>/</td></tr>
<tr><td rowspan="3">12</td><td>最高</td><td>58</td><td>最高</td><td>59</td><td>−1</td><td>0</td></tr>
<tr><td>最低</td><td>50</td><td>最低</td><td>50</td><td>0</td><td>+1</td></tr>
<tr><td>平均</td><td>56.9</td><td>平均</td><td>57.3</td><td>−0.4</td><td>+0.6</td></tr>
<tr><td colspan="6">有EMBr与无EMBr比温度平均上升/℃</td><td>−0.5</td><td>+0.5</td></tr>
</table>

5101603 炉

中包温差 (T_1-T_2) /℃	热电偶编号	有 EMBr /℃		无 EMBr /℃		有 EMBr 与无 EMBr 比温度上升/℃	
						不考虑中包温度	考虑中包温度
+1	1	最高	58	最高	57	+1	+2
		最低	50	最低	50	0	+1
		平均	56.95	平均	55.89	+1.1	+2.1
	2	最高	60	最高	60	0	+1
		最低	40	最低	40	0	+1
		平均	51.07	平均	50.34	+0.7	+1.7
	11	最高	6 600	最高	6 600	0	+1
		最低	6 000	最低	6 000	0	+1
		平均	/	平均	/	/	/
	12	最高	59	最高	58	+1	+2
		最低	50	最低	50	0	+1
		平均	57.98	平均	56.71	+1.3	+2.3
有 EMBr 与无 EMBr 比温度平均上升/℃						+1.0	+2.0

2. 弯月面宽面活动侧温度对比基础数据

5100650 炉

中包温差(T_1-T_2)/℃	热电偶编号	有 EMBr/℃		无 EMBr/℃		有 EMBr 与无 EMBr 比温度上升/℃	
						不考虑中包温度	考虑中包温度
+4	3	最高	60	最高	59	+1	+5
		最低	50	最低	50	0	+5
		平均	58.1	平均	57.9	+0.2	+4.2
	4	最高	200	最高	180	+20	+24
		最低	100	最低	100	0	+4
		平均	184	平均	174.8	+9.2	+13.2
	5	最高	150	最高	150	0	+4
		最低	100	最低	100	0	+4
		平均	144.1	平均	142.2	+1.9	+5.9
	6	最高	170	最高	170	0	+4
		最低	100	最低	100	0	+4
		平均	164.4	平均	153.5	+10.9	+14.9

续 表

中包温差 (T_1-T_2) /℃	热电偶编号	有 EMBr /℃		无 EMBr /℃		有 EMBr 与无 EMBr 比温度上升/℃	
						不考虑中包温度	考虑中包温度
+4	7	最高	190	最高	180	+10	+14
		最低	100	最低	100	0	+4
		平均	179.6	平均	167.2	+12.4	+16.4
	8	最高	190	最高	180	+10	+14
		最低	100	最低	100	0	+4
		平均	166.3	平均	138.6	+27.7	+31.7
	9	最高	170	最高	160	+10	+14
		最低	100	最低	100	0	+4
		平均	152.5	平均	147.7	+4.8	+8.8
	10	最高	55	最高	55	0	+4
		最低	50	最低	50	0	+4
		平均	53.9	平均	53.6	+0.3	+4.3
有 EMBr 与无 EMBr 比温度平均上升/℃						+8.4	+12.4

5340620 炉

中包温差 (T_1-T_2) /℃	热电偶编号	有 EMBr /℃		无 EMBr /℃		有 EMBr 与无 EMBr 比温度上升/℃	
						不考虑中包温度	考虑中包温度
−1	3	最高	59	最高	59	0	−1
		最低	50	最低	50	0	−1
		平均	57.4	平均	57.1	+0.3	−0.7
	4	最高	190	最高	200	−10	−11
		最低	100	最低	100	0	−1
		平均	181.9	平均	174.9	+7	+6
	5	最高	160	最高	150	+10	+9
		最低	100	最低	100	0	−1
		平均	146.8	平均	141.4	+5.4	+4.4
	6	最高	170	最高	160	+10	+9
		最低	100	最低	100	0	−1
		平均	156	平均	151.7	+4.3	+3.3

续　表

中包温差 (T_1-T_2) /℃	热电偶编号	有EMBr /℃		无EMBr /℃		有EMBr与无EMBr比温度上升/℃	
						不考虑中包温度	考虑中包温度
−1	7	最高	190	最高	170	+20	+19
		最低	100	最低	100	0	−1
		平均	168.3	平均	165.1	+3.2	+2.2
	8	最高	160	最高	150	+10	+9
		最低	100	最低	100	0	−1
		平均	131.4	平均	132.5	−1.1	−2.1
	9	最高	160	最高	160	0	−1
		最低	100	最低	100	0	−1
		平均	150.7	平均	148.1	+2.6	+1.6
	10	最高	55	最高	55	0	−1
		最低	50	最低	50	0	−1
		平均	53.7	平均	53.5	+0.2	−0.8
有EMBr与无EMBr比温度平均上升/℃						+2.7	+1.7

5341170 炉

中包温差 (T_1-T_2) /℃	热电偶编号	有 EMBr /℃		无 EMBr /℃		有 EMBr 与无 EMBr 比温度上升/℃	
						不考虑中包温度	考虑中包温度
−1	03	最高	180	最高	170	+10	+9
		最低	100	最低	100	0	−1
		平均	163.6	平均	164.2	−0.6	−1.6
	04	最高	120	最高	120	0	−1
		最低	100	最低	90	+10	+9
		平均	112.3	平均	107.4	+4.9	+3.9
	05	最高	110	最高	100	+10	+9
		最低	90	最低	90	0	−1
		平均	97.0	平均	96.2	+0.8	−0.2
	06	最高	120	最高	120	0	−1
		最低	100	最低	100	0	−1
		平均	115.2	平均	114.5	+0.7	−0.3

续 表

中包温差 (T_1-T_2)/℃	热电偶编号	有 EMBr/℃		无 EMBr/℃		有 EMBr 与无 EMBr 比温度上升/℃	
						不考虑中包温度	考虑中包温度
−1	07	最高	130	最高	130	0	−1
		最低	100	最低	100	0	−1
		平均	117.7	平均	116.3	+1.4	+0.4
	08	最高	120	最高	120	0	−1
		最低	100	最低	90	+10	+9
		平均	106.1	平均	106.3	−0.2	−1.2
	09	最高	/	最高	/	/	/
		最低	/	最低	/	/	/
		平均	154.1	平均	144.9	+9.2	+8.2
	10	最高	/	最高	/	/	/
		最低	/	最低	/	/	/
		平均	164.4	平均	164.6	−0.2	−1.2
有 EMBr 与无 EMBr 比温度平均上升/℃						+2.0	+1.0

5341171 炉

中包温差 (T_1-T_2) /℃	热电偶编号	有 EMBr /℃		无 EMBr /℃		有 EMBr 与无 EMBr 比温度上升/℃	
						不考虑中包温度	考虑中包温度
+2	03	最高	180	最高	180	0	+2
		最低	100	最低	100	0	+2
		平均	169.9	平均	165	+4.9	+6.9
	04	最高	130	最高	130	0	+2
		最低	100	最低	100	0	+2
		平均	121.9	平均	115.1	+6.8	+8.8
	05	最高	120	最高	110	+10	+12
		最低	90	最低	100	−10	−8
		平均	105.5	平均	103.8	+1.7	+3.7
	06	最高	130	最高	130	0	+2
		最低	100	最低	100	0	+2
		平均	126.9	平均	122.6	+4.3	+6.3

续 表

中包温差（T_1-T_2）/℃	热电偶编号	有EMBr/℃		无EMBr/℃		有EMBr与无EMBr比温度上升/℃	
						不考虑中包温度	考虑中包温度
+2	07	最高	140	最高	130	+10	+12
		最低	100	最低	100	0	+2
		平均	126.9	平均	124.4	+2.5	+4.5
	08	最高	140	最高	130	+10	+12
		最低	100	最低	100	0	+2
		平均	125	平均	123.6	+1.4	+3.4
	09	最高	/	最高	/	/	/
		最低	/	最低	/	/	/
		平均	167.2	平均	159.8	+7.4	+9.4
	10	最高	/	最高	/	/	/
		最低	/	最低	/	/	/
		平均	168.3	平均	165.1	+3.2	+5.2
有EMBr与无EMBr比温度平均上升/℃						+4.0	+6.0

5101209炉

中包温差(T_1-T_2)/℃	热电偶编号	有EMBr/℃		无EMBr/℃		有EMBr与无EMBr比温度上升/℃	
						不考虑中包温度	考虑中包温度
+4	03	最高	180	最高	180	0	+4
		最低	100	最低	100	0	+4
		平均	171.5	平均	167.9	+3.6	+7.6
	04	最高	130	最高	130	0	+4
		最低	100	最低	100	0	+4
		平均	119.4	平均	120.8	-1.4	+2.6
	05	最高	110	最高	110	0	+4
		最低	90	最低	90	0	+4
		平均	98.76	平均	102	-3.2	+0.8
	06	最高	130	最高	130	0	+4
		最低	100	最低	100	0	+4
		平均	124.5	平均	122.7	+1.8	+5.8

续　表

中包温差 (T_1-T_2) /℃	热电偶编号	有 EMBr /℃		无 EMBr /℃		有 EMBr 与无 EMBr 比温度上升/℃	
						不考虑中包温度	考虑中包温度
+4	07	最高	160	最高	130	+30	+34
		最低	100	最低	100	0	+4
		平均	150.9	平均	118.6	+32.3	+36.3
	08	最高	130	最高	130	0	+4
		最低	100	最低	100	0	+4
		平均	121.1	平均	122.7	−1.6	+2.4
	09	最高	/	最高	/	/	/
		最低	/	最低	/	/	/
		平均	165.2	平均	165.3	−0.1	+3.9
	10	最高	/	最高	/	/	/
		最低	/	最低	/	/	/
		平均	168	平均	167	+1	+5
有 EMBr 与无 EMBr 比温度平均上升/℃						+4.1	+8.1

5101235 炉

中包温差 (T_1-T_2) /℃	热电偶编号	有 EMBr /℃		无 EMBr /℃		有 EMBr 与无 EMBr 比温度上升/℃	
						不考虑中包温度	考虑中包温度
+1	03	最高	110	最高	110	0	+1
		最低	90	最低	90	0	+1
		平均	130.5	平均	101.6	+28.9	+29.9
	04	最高	120	最高	120	0	+1
		最低	100	最低	100	0	+1
		平均	108.9	平均	106	+2.9	+3.9
	05	最高	98	最高	110	−12	−11
		最低	90	最低	90	0	+1
		平均	94.7	平均	98	−3.3	−2.3
	06	最高	130	最高	130	0	+1
		最低	100	最低	100	0	+1
		平均	119.6	平均	119.8	−0.2	+0.8

续 表

中包温差 (T_1-T_2) /℃	热电偶编号	有 EMBr /℃		无 EMBr /℃		有 EMBr 与无 EMBr 比温度上升/℃	
						不考虑中包温度	考虑中包温度
+1	07	最高	130	最高	130	0	+1
		最低	100	最低	100	0	+1
		平均	122.6	平均	126.5	−3.9	−2.9
	08	最高	120	最高	140	−20	−19
		最低	90	最低	100	−10	−9
		平均	106.8	平均	110.9	−3.2	−2.2
	09	最高	/	最高	/	/	/
		最低	/	最低	/	/	/
		平均	144.3	平均	147.7	−3.4	−2.4
	10	最高	/	最高	/	/	/
		最低	/	最低	/	/	/
		平均	146.9	平均	141.3	+5.6	+6.6
有 EMBr 与无 EMBr 比温度平均上升/℃						+3.1	+4.1

5341178 炉

中包温差(T_1-T_2)/℃	热电偶编号	有 EMBr/℃		无 EMBr/℃		有 EMBr 与无 EMBr 比温度上升/℃	
						不考虑中包温度	考虑中包温度
+9	03	最高	109	最高	109	0	+9
		最低	100	最低	100	0	+9
		平均	105.3	平均	105.8	−0.5	+8.5
	04	最高	120	最高	120	0	+9
		最低	100	最低	100	0	+9
		平均	113.9	平均	112.4	+1.5	+10.5
	05	最高	98	最高	120	−22	−13
		最低	90	最低	100	−10	−1
		平均	95.4	平均	107.1	−11.7	−2.7
	06	最高	150	最高	140	+10	+19
		最低	100	最低	100	0	+9
		平均	119.8	平均	124	−4.2	+4.8

续 表

中包温差(T_1-T_2)/℃	热电偶编号	有 EMBr/℃		无 EMBr/℃		有 EMBr 与无 EMBr 比温度上升/℃	
						不考虑中包温度	考虑中包温度
+9	07	最高	150	最高	170	−20	−11
		最低	100	最低	100	0	+9
		平均	129.6	平均	132.6	−3	+6
	08	最高	120	最高	130	−10	−1
		最低	100	最低	100	0	+9
		平均	106.6	平均	120.9	−14.3	−5.3
	09	最高	/	最高	/	/	/
		最低	/	最低	/	/	/
		平均	154.4	平均	154.9	−0.5	+8.5
	10	最高	/	最高	/	/	/
		最低	/	最低	/	/	/
		平均	152.2	平均	147.7	+4.5	+13.5
有 EMBr 与无 EMBr 比温度平均上升/℃						−3.5	+5.5

5101236炉

中包温差 (T_1-T_2) /℃	热电偶编号	有EMBr /℃		无EMBr /℃		有EMBr与无EMBr比温度上升/℃	
						不考虑中包温度	考虑中包温度
+1	03	最高	120	最高	108	+12	+13
		最低	100	最低	100	0	+1
		平均	106.9	平均	105	+1.9	+2.9
	04	最高	120	最高	120	0	+1
		最低	100	最低	100	0	+1
		平均	113.6	平均	111.1	+2.5	+3.5
	05	最高	107	最高	110	−3	−2
		最低	100	最低	90	+10	+11
		平均	104.2	平均	98.33	+5.87	+6.87
	06	最高	170	最高	150	+20	+21
		最低	100	最低	100	0	+1
		平均	145.9	平均	131.4	+14.5	+15.5

续　表

中包温差 (T_1-T_2) /℃	热电偶编号	有 EMBr /℃		无 EMBr /℃		有 EMBr 与无 EMBr 比温度上升/℃	
						不考虑中包温度	考虑中包温度
+1	07	最高	130	最高	130	0	+1
		最低	100	最低	100	0	+1
		平均	121.9	平均	122.4	−0.5	+0.5
	08	最高	130	最高	120	+10	+11
		最低	100	最低	100	0	+1
		平均	116.9	平均	111.2	+5.7	+6.7
	09	最高	/	最高	/	/	/
		最低	/	最低	/	/	/
		平均	144.7	平均	129.6	+15.1	+16.1
	10	最高	/	最高	/	/	/
		最低	/	最低	/	/	/
		平均	151.3	平均	147.3	+4	+5
有 EMBr 与无 EMBr 比温度平均上升/℃						+6.1	+7.1

5221584 炉

中包温差 (T_1-T_2) /℃	热电偶编号	有 EMBr /℃		无 EMBr /℃		有 EMBr 与无 EMBr 比温度上升/℃	
						不考虑中包温度	考虑中包温度
+1	3	最高	53	最高	60	−7	−6
		最低	50	最低	40	+10	+11
		平均	52.0	平均	51.4	+0.6	+1.6
	4	最高	160	最高	160	0	+1
		最低	100	最低	100	0	+1
		平均	147.4	平均	145.5	+1.9	+2.9
	5	最高	150	最高	140	+10	+11
		最低	100	最低	100	0	+1
		平均	137.1	平均	125.5	+11.6	+12.6
	6	最高	150	最高	160	−10	−9
		最低	100	最低	100	0	+1
		平均	134	平均	128.6	+5.4	+6.4

续 表

中包温差 (T_1-T_2) /℃	热电偶编号	有 EMBr /℃		无 EMBr /℃		有 EMBr 与无 EMBr 比温度上升/℃	
						不考虑中包温度	考虑中包温度
+1	7	最高	150	最高	150	0	+1
		最低	100	最低	100	0	+1
		平均	128.6	平均	129.2	−0.6	+0.4
	8	最高	120	最高	120	0	+1
		最低	100	最低	100	0	+1
		平均	114.8	平均	105.7	+9.1	+10.1
	9	最高	160	最高	160	0	+1
		最低	100	最低	100	0	+1
		平均	148.7	平均	150.3	−1.6	−0.6
	10	最高	/	最高	56	/	/
		最低	/	最低	0	/	/
		平均	54.8	平均	54.3	+0.5	+1.5
有 EMBr 与无 EMBr 比温度平均上升/℃						+3.4	+4.4

5101612 炉

中包温差（T_1-T_2）/℃	热电偶编号	有 EMBr /℃		无 EMBr /℃		有 EMBr 与无 EMBr 比温度上升/℃	
						不考虑中包温度	考虑中包温度
+2	3	最高	53	最高	54	−1	+1
		最低	50	最低	50	0	+2
		平均	51.7	平均	51.7	0	+2
	4	最高	300	最高	300	0	+2
		最低	100	最低	100	0	+2
		平均	201.4	平均	198.2	+3.2	+5.2
	5	最高	160	最高	160	−10	−8
		最低	100	最低	100	0	+2
		平均	147.8	平均	150.2	−2.4	−0.4
	6	最高	160	最高	160	0	+2
		最低	100	最低	100	0	+2
		平均	150.5	平均	153.4	−2.9	−0.9

续　表

中包温差(T_1-T_2)/℃	热电偶编号	有EMBr/℃		无EMBr/℃		有EMBr与无EMBr比温度上升/℃	
						不考虑中包温度	考虑中包温度
+2	7	最高	160	最高	170	−10	−8
		最低	100	最低	100	0	+2
		平均	154.2	平均	157.4	−3.2	−1.2
	8	最高	130	最高	130	0	+2
		最低	100	最低	100	0	+2
		平均	119.9	平均	120.5	−0.6	+1.4
	9	最高	170	最高	170	0	+2
		最低	100	最低	100	0	+2
		平均	155.1	平均	158.3	−3.2	−1.2
	10	最高	60	最高	57	+3	+5
		最低	50	最低	50	0	+2
		平均	55.0	平均	55.3	−0.3	+1.7
有EMBr与无EMBr比温度平均上升/℃						−1.2	+0.8

5101598 炉

中包温差 (T_1-T_2) /℃	热电偶编号	有 EMBr /℃		无 EMBr /℃		有 EMBr 与无 EMBr 比温度上升/℃	
						不考虑中包温度	考虑中包温度
+4	3	最高	68	最高	69	−1	+3
		最低	60	最低	60	0	+4
		平均	65.3	平均	65.8	−0.5	+3.5
	4	最高	150	最高	150	0	+4
		最低	100	最低	100	0	+4
		平均	139.3	平均	142.6	−3.3	+0.7
	5	最高	130	最高	130	0	+4
		最低	100	最低	100	0	+4
		平均	121.3	平均	120.1	+1.2	+5.2
	6	最高	150	最高	150	0	+4
		最低	100	最低	100	0	+4
		平均	138	平均	141.3	−3.3	+0.7

续 表

中包温差（T_1-T_2）/℃	热电偶编号	有 EMBr /℃		无 EMBr /℃		有 EMBr 与无 EMBr 比温度上升/℃	
						不考虑中包温度	考虑中包温度
+4	7	最高	140	最高	150	−10	−6
		最低	100	最低	100	0	+4
		平均	132.3	平均	133.9	−1.6	+2.4
	8	最高	120	最高	110	+10	+14
		最低	100	最低	90	+10	+14
		平均	111.7	平均	101.9	+9.8	+13.8
	9	最高	160	最高	160	0	+4
		最低	100	最低	100	0	+4
		平均	142.6	平均	146.3	−3.7	+0.3
	10	最高	80	最高	80	0	+4
		最低	60	最低	60	0	+4
		平均	78.0	平均	69.3	+8.7	+12.7
有 EMBr 与无 EMBr 比温度平均上升/℃						+0.9	+4.9

5101600炉

中包温差(T_1-T_2)/℃	热电偶编号	有EMBr/℃		无EMBr/℃		有EMBr与无EMBr比温度上升/℃	
						不考虑中包温度	考虑中包温度
+3	3	最高	67	最高	67	0	+3
		最低	60	最低	60	0	+3
		平均	64.2	平均	65.3	−1.1	+1.9
	4	最高	150	最高	150	0	+3
		最低	100	最低	100	0	+3
		平均	143.8	平均	143.2	+0.6	+3.6
	5	最高	130	最高	140	−10	−7
		最低	100	最低	100	0	+3
		平均	116.4	平均	124.1	−7.7	−4.7
	6	最高	150	最高	150	0	+3
		最低	100	最低	100	0	+3
		平均	139.1	平均	139	+0.1	+3.1

续 表

中包温差 (T_1-T_2) /℃	热电偶编号	有 EMBr /℃		无 EMBr /℃		有 EMBr 与无 EMBr 比温度上升/℃	
						不考虑中包温度	考虑中包温度
+3	7	最高	140	最高	150	−10	−7
		最低	100	最低	100	0	+3
		平均	131.2	平均	136.5	−5.3	−2.3
	8	最高	110	最高	120	−10	−7
		最低	90	最低	90	0	+3
		平均	97.8	平均	106.8	−9	−6
	9	最高	160	最高	150	+10	+13
		最低	100	最低	100	0	+3
		平均	148.1	平均	142.5	+5.6	+8.6
	10	最高	80	最高	80	0	+3
		最低	60	最低	60	0	+3
		平均	69.5	平均	68.5	+1.0	+4.0
有 EMBr 与无 EMBr 比温度平均上升/℃						−2.0	+1.0

5101602炉

中包温差 (T_1-T_2) /℃	热电偶编号	有EMBr /℃		无EMBr /℃		有EMBr与无EMBr比温度上升/℃	
						不考虑中包温度	考虑中包温度
+4	3	最高	69	最高	69	0	+4
		最低	60	最低	60	0	+4
		平均	66.5	平均	66.6	−0.1	+3.9
	4	最高	160	最高	160	0	+4
		最低	100	最低	100	0	+4
		平均	146.5	平均	148.1	−1.6	+2.4
	5	最高	150	最高	160	−10	−6
		最低	100	最低	100	0	+4
		平均	129.2	平均	139.6	−10.4	−6.4
	6	最高	160	最高	160	0	+4
		最低	100	最低	100	0	+4
		平均	145.9	平均	149.1	−3.2	+0.8

续 表

中包温差(T_1-T_2)/℃	热电偶编号	有 EMBr /℃		无 EMBr /℃		有 EMBr 与无 EMBr 比温度上升/℃	
						不考虑中包温度	考虑中包温度
+4	7	最高	160	最高	160	0	+4
		最低	100	最低	100	0	+4
		平均	143.6	平均	146.2	−2.6	+1.4
	8	最高	120	最高	130	−10	−6
		最低	90	最低	100	−10	−6
		平均	106.1	平均	116.2	−10.1	−6.1
	9	最高	160	最高	170	−10	−6
		最低	100	最低	100	0	+4
		平均	151.9	平均	154.5	−2.6	+1.4
	10	最高	80	最高	80	0	+4
		最低	60	最低	60	0	+4
		平均	72.0	平均	73.6	−1.6	+2.4
有 EMBr 与无 EMBr 比温度平均上升/℃						−4.0	0

5221575 炉

中包温差 (T_1-T_2) /℃	热电偶编号	有 EMBr /℃		无 EMBr /℃		有 EMBr 与无 EMBr 比温度上升/℃	
						不考虑中包温度	考虑中包温度
+2	3	最高	69	最高	69	0	0
		最低	60	最低	60	0	0
		平均	67.1	平均	67.1	+0.1	+2.1
	4	最高	160	最高	160	0	0
		最低	100	最低	100	0	0
		平均	152.2	平均	146.9	+5.3	+7.3
	5	最高	150	最高	160	−10	−8
		最低	100	最低	100	0	+2
		平均	139.8	平均	145.1	−5.3	−3.3
	6	最高	160	最高	160	0	+2
		最低	100	最低	100	0	+2
		平均	151.9	平均	151.1	+0.8	+2.8

续 表

中包温差(T_1-T_2)/℃	热电偶编号	有EMBr/℃		无EMBr/℃		有EMBr与无EMBr比温度上升/℃	
						不考虑中包温度	考虑中包温度
+2	7	最高	160	最高	160	0	+2
		最低	100	最低	100	0	+2
		平均	152	平均	151.8	+0.2	+2.2
	8	最高	120	最高	130	−10	−8
		最低	100	最低	100	0	+2
		平均	116.1	平均	116.8	−0.7	+1.3
	9	最高	170	最高	170	0	+2
		最低	100	最低	100	0	+2
		平均	157	平均	151	+6	+8
	10	最高	80	最高	80	0	+2
		最低	60	最低	60	0	+2
		平均	72.9	平均	74.1	−1.2	+0.8
有EMBr与无EMBr比温度平均上升/℃						+0.6	+2.6

5101604 炉

中包温差 (T_1-T_2) /℃	热电偶编号	有 EMBr /℃		无 EMBr /℃		有 EMBr 与无 EMBr 比温度上升/℃	
						不考虑中包温度	考虑中包温度
−1	3	最高	70	最高	70	0	−1
		最低	60	最低	60	0	−1
		平均	68.3	平均	67.6	+0.7	−0.3
	4	最高	170	最高	160	+10	+9
		最低	100	最低	100	0	−1
		平均	156.9	平均	151.1	+5.8	+4.8
	5	最高	150	最高	150	0	−1
		最低	100	最低	100	0	−1
		平均	143.2	平均	139.5	+3.7	+2.7
	6	最高	160	最高	160	0	−1
		最低	100	最低	100	0	−1
		平均	153.3	平均	152	+1.3	+0.3

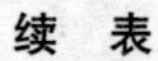

续 表

中包温差 (T_1-T_2) /℃	热电偶编号	有 EMBr /℃		无 EMBr /℃		有 EMBr 与无 EMBr 比温度上升/℃	
						不考虑中包温度	考虑中包温度
−1	7	最高	160	最高	160	0	−1
		最低	100	最低	100	0	−1
		平均	151	平均	150	+1	0
	8	最高	120	最高	120	0	−1
		最低	100	最低	100	0	−1
		平均	113.2	平均	107.6	+5.7	+4.7
	9	最高	170	最高	170	0	−1
		最低	100	最低	100	0	−1
		平均	158.5	平均	157.6	+0.9	−0.1
	10	最高	80	最高	80	0	−1
		最低	60	最低	60	0	−1
		平均	69.9	平均	72.0	−2.1	−3.1
有 EMBr 与无 EMBr 比温度平均上升/℃						+2.1	+1.1

5101601 炉

中包温差 (T_1-T_2) /℃	热电偶编号	有 EMBr /℃		无 EMBr /℃		有 EMBr 与无 EMBr 比温度上升/℃	
						不考虑中包温度	考虑中包温度
−4	3	最高	69	最高	69	0	−4
		最低	60	最低	60	0	−4
		平均	67.2	平均	66.3	+0.9	−3.1
	4	最高	160	最高	160	0	−4
		最低	100	最低	100	0	−4
		平均	149.9	平均	142.9	+7	+3
	5	最高	150	最高	140	10	+6
		最低	100	最低	100	0	−4
		平均	141.8	平均	129.4	+12.4	+8.4
	6	最高	160	最高	160	0	−4
		最低	100	最低	100	0	−4
		平均	150.9	平均	144.1	+6.8	+2.8

续 表

中包温差 (T_1-T_2) /℃	热电偶编号	有 EMBr /℃		无 EMBr /℃		有 EMBr 与无 EMBr 比温度上升/℃	
						不考虑中包温度	考虑中包温度
−4	7	最高	160	最高	160	0	−4
		最低	100	最低	100	0	−4
		平均	150.8	平均	144.4	+6.4	+2.4
	8	最高	120	最高	120	0	−4
		最低	100	最低	90	+10	+6
		平均	113.6	平均	106.1	+7.5	+3.5
	9	最高	170	最高	160	+10	+6
		最低	100	最低	100	0	−4
		平均	152.8	平均	145.4	+7.4	+3.4
	10	最高	80	最高	80	0	−4
		最低	60	最低	69.1	−9.1	−13.1
		平均	70.2	平均	60	+10.2	+6.2
有 EMBr 与无 EMBr 比温度平均上升/℃						+7.3	+3.3

5341538 炉

中包温差 (T_1-T_2) /℃	热电偶编号	有 EMBr /℃		无 EMBr /℃		有 EMBr 与无 EMBr 比温度上升/℃	
						不考虑中包温度	考虑中包温度
+2	3	最高	54	最高	56	−2	0
		最低	50	最低	50	0	+2
		平均	52.2	平均	54.6	−2.4	−0.4
	4	最高	180	最高	180	0	+2
		最低	100	最低	100	0	+2
		平均	168.2	平均	169	−1.5	+0.5
	5	最高	170	最高	170	0	+2
		最低	100	最低	100	0	+2
		平均	161.5	平均	154.2	+7.3	+9.3
	6	最高	190	最高	190	0	+2
		最低	100	最低	100	0	+2
		平均	176.3	平均	168	+8.3	+10.3

续 表

中包温差 (T_1-T_2) /℃	热电偶编号	有 EMBr /℃		无 EMBr /℃		有 EMBr 与无 EMBr 比温度上升/℃	
						不考虑中包温度	考虑中包温度
+2	7	最高	170	最高	170	0	+2
		最低	100	最低	100	0	+2
		平均	155.7	平均	157.6	−1.9	+0.1
	8	最高	300	最高	160	+140	+142
		最低	100	最低	100	0	+2
		平均	191.7	平均	150	+41.4	+43.4
	9	最高	220	最高	220	0	+2
		最低	200	最低	200	0	+2
		平均	210.9	平均	211.2	−0.3	+1.7
	10	最高	70	最高	70	0	+2
		最低	50	最低	50	0	+2
		平均	58.6	平均	59.1	−0.52	+1.48
有 EMBr 与无 EMBr 比温度平均上升/℃						+6.3	+8.3

5341539 炉

中包温差 (T_1-T_2) /℃	热电偶编号	有 EMBr /℃		无 EMBr /℃		有 EMBr 与无 EMBr 比温度上升/℃	
						不考虑中包温度	考虑中包温度
+1	3	最高	55	最高	54	+1	+2
		最低	50	最低	50	0	+1
		平均	53.9	平均	52.9	+1	+2
	4	最高	180	最高	180	0	+1
		最低	100	最低	100	0	+1
		平均	169.6	平均	170.3	−0.7	+0.3
	5	最高	170	最高	190	−20	−19
		最低	100	最低	100	0	+1
		平均	165.7	平均	161.8	+3.9	+4.9
	6	最高	300	最高	190	+110	+111
		最低	100	最低	100	0	+1
		平均	198.9	平均	176.2	+22.7	+23.7

续　表

中包温差(T_1-T_2)/℃	热电偶编号	有EMBr/℃		无EMBr/℃		有EMBr与无EMBr比温度上升/℃	
						不考虑中包温度	考虑中包温度
+1	7	最高	160	最高	170	−10	−9
		最低	100	最低	100	0	+1
		平均	154.2	平均	153.2	+1	+2
	8	最高	300	最高	300	0	+1
		最低	100	最低	100	0	+1
		平均	197.8	平均	186.5	+11.3	+12.3
	9	最高	220	最高	300	−80	−79
		最低	200	最低	100	+100	+101
		平均	210.9	平均	209.5	+1.4	+2.4
	10	最高	70	最高	70	0	+1
		最低	50	最低	50	0	+1
		平均	58.9	平均	59.4	−0.5	+0.5
有EMBr与无EMBr比温度平均上升/℃						+5.0	+6.0

5101611炉

中包温差 (T_1-T_2) /℃	热电偶编号	有EMBr /℃		无EMBr /℃		有EMBr与无EMBr比温度上升/℃	
						不考虑中包温度	考虑中包温度
+2	3	最高	55	最高	56	−1	+1
		最低	50	最低	50	0	+2
		平均	53.2	平均	54.6	−1.4	+0.6
	4	最高	170	最高	180	−10	−8
		最低	100	最低	100	0	+2
		平均	166	平均	171.8	−5.8	−3.8
	5	最高	170	最高	160	+10	+12
		最低	100	最低	100	0	+2
		平均	157	平均	151.2	+5.8	+7.8
	6	最高	170	最高	170	0	+2
		最低	100	最低	100	0	+2
		平均	154.8	平均	161.2	−6.4	−4.4

续 表

中包温差 (T_1-T_2) /℃	热电偶编号	有 EMBr /℃		无 EMBr /℃		有 EMBr 与无 EMBr 比温度上升/℃	
						不考虑中包温度	考虑中包温度
+2	7	最高	160	最高	160	0	+2
		最低	100	最低	100	0	+2
		平均	146.8	平均	147	−0.2	+1.8
	8	最高	160	最高	140	+20	+22
		最低	100	最低	100	0	+2
		平均	147.7	平均	121.7	+26	+28
	9	最高	220	最高	220	0	+2
		最低	200	最低	200	0	+2
		平均	206.7	平均	213.7	−7	−5
	10	最高	60	最高	70	−10	−8
		最低	50	最低	50	0	+2
		平均	57.6	平均	59	−1.4	+0.6
有 EMBr 与无 EMBr 比温度平均上升/℃						+1.2	+3.2

5341542 炉

中包温差 (T_1-T_2) /℃	热电偶编号	有EMBr /℃		无EMBr /℃		有EMBr与无EMBr比温度上升/℃	
						不考虑中包温度	考虑中包温度
+1	3	最高	55	最高	56.	−1	0
		最低	50	最低	50	0	+1
		平均	53.3	平均	54.9	−1.6	−0.6
	4	最高	180	最高	180	0	+1
		最低	100	最低	100	0	+1
		平均	169.5	平均	171.5	−2	−1
	5	最高	170	最高	170	0	+1
		最低	100	最低	100	0	+1
		平均	158.3	平均	158.2	+0.1	+1.1
	6	最高	180	最高	180	0	+1
		最低	100	最低	100	0	+1
		平均	174.1	平均	168.2	+5.9	+6.9

续 表

中包温差 (T_1-T_2) /℃	热电偶编号	有 EMBr /℃		无 EMBr /℃		有 EMBr 与无 EMBr 比温度上升/℃	
						不考虑中包温度	考虑中包温度
+1	7	最高	190	最高	160	+30	+31
		最低	100	最低	100	0	+1
		平均	169.9	平均	144.8	+25.1	+26.1
	8	最高	200	最高	160	+40	+41
		最低	100	最低	100	0	+1
		平均	165.6	平均	147.3	+18.3	+19.3
	9	最高	220	最高	230	−10	−9
		最低	200	最低	200	0	+1
		平均	211.3	平均	213.8	−2.5	−1.5
	10	最高	70	最高	70	0	+1
		最低	50	最低	50	0	+1
		平均	58.8	平均	58.8	0	+1
有 EMBr 与无 EMBr 比温度平均上升/℃						+5.4	+6.4

5101603 炉

中包温差 (T_1-T_2) /℃	热电偶编号	有 EMBr /℃		无 EMBr /℃		有 EMBr 与无 EMBr 比温度上升/℃	
						不考虑中包温度	考虑中包温度
+1	3	最高	66	最高	66	0	+1
		最低	60	最低	60	0	+1
		平均	64	平均	63.1	+0.9	+1.9
	4	最高	200	最高	190	+10	+11
		最低	100	最低	100	0	+1
		平均	189.8	平均	171.2	+18.6	+19.6
	5	最高	180	最高	170	+10	+11
		最低	100	最低	100	0	+1
		平均	168.7	平均	153.1	+15.6	+16.6
	6	最高	180	最高	170	+10	+11
		最低	100	最低	100	0	+1
		平均	163.3	平均	156.4	+6.9	+7.9

续 表

中包温差 (T_1-T_2) /℃	热电偶编号	有 EMBr /℃		无 EMBr /℃		有 EMBr 与无 EMBr 比温度上升/℃	
						不考虑中包温度	考虑中包温度
+1	7	最高	160	最高	150	+10	+11
		最低	100	最低	100	0	+1
		平均	149.2	平均	140.6	+8.6	+9.6
	8	最高	170	最高	160	+10	+11
		最低	100	最低	100	0	+1
		平均	153.1	平均	140.6	+12.5	+13.5
	9	最高	220	最高	220	0	+1
		最低	200	最低	200	0	+1
		平均	213.5	平均	206.8	+6.7	+7.7
	10	最高	90	最高	79	+11	+12
		最低	70	最低	70	0	+1
		平均	78.2	平均	76.3	+1.9	+2.9
有 EMBr 与无 EMBr 比温度平均上升/℃						+9.0	+10.0

3. 弯月面宽面固定侧温度对比基础数据

5100650炉

中包温差 (T_1-T_2) /℃	热电偶编号	有EMBr /℃		无EMBr /℃		有EMBr与无EMBr比温度上升/℃	
						不考虑中包温度	考虑中包温度
+4	13	最高	56	最高	55	+1	+5
		最低	50	最低	50	0	+4
		平均	54.6	平均	53.7	+0.9	+4.9
	14	最高	300	最高	200	+100	+104
		最低	100	最低	100	0	+4
		平均	194.2	平均	183.4	+10.8	+14.8
	15	最高	110	最高	100	+10	+14
		最低	90	最低	90	0	+4
		平均	99.2	平均	98.0	+1.2	+5.2
	16	最高	98	最高	100	−2	+2
		最低	90	最低	80	+10	+14
		平均	96.0	平均	92.9	+3.1	+7.1

续 表

中包温差 (T_1-T_2) /℃	热电偶编号	有 EMBr /℃		无 EMBr /℃		有 EMBr 与无 EMBr 比温度上升/℃	
						不考虑中包温度	考虑中包温度
+4	17	最高	150	最高	150	0	+4
		最低	100	最低	100	0	+4
		平均	140.6	平均	135.1	+5.5	+9.5
	18	最高	170	最高	160	+10	+14
		最低	100	最低	100	0	+4
		平均	156.8	平均	151.2	+5.6	+9.6
	19	最高	190	最高	160	+30	+34
		最低	100	最低	100	0	+4
		平均	176.9	平均	167.5	+9.4	+13.4
	20	最高	55	最高	54	+1	+5
		最低	50	最低	50	0	+4
		平均	53.4	平均	53	+0.4	+4.4
有 EMBr 与无 EMBr 比温度平均上升/℃						+4.6	+8.6

5340620 炉

中包温差 (T_1-T_2) /℃	热电偶编号	有 EMBr /℃		无 EMBr /℃		有 EMBr 与无 EMBr 比温度上升/℃	
						不考虑中包温度	考虑中包温度
−1	13	最高	56	最高	55	+1	0
		最低	50	最低	50	0	−1
		平均	54.7	平均	53.8	+0.9	−0.1
	14	最高	200	最高	200	0	−1
		最低	100	最低	100	0	−1
		平均	188.1	平均	181.3	+6.8	+5.8
	15	最高	110	最高	98	+12	+11
		最低	90	最低	90	0	−1
		平均	98.1	平均	95.6	+2.5	+1.5
	16	最高	100	最高	100	0	−1
		最低	80	最低	70	+10	+9
		平均	91.7	平均	88.0	+3.7	+2.7

续 表

中包温差 (T_1-T_2) /℃	热电偶编号	有 EMBr /℃		无 EMBr /℃		有 EMBr 与无 EMBr 比温度上升/℃	
						不考虑中包温度	考虑中包温度
−1	17	最高	160	最高	150	+10	+9
		最低	100	最低	100	0	−1
		平均	145.4	平均	140.5	+4.9	+3.9
	18	最高	160	最高	160	0	−1
		最低	100	最低	100	0	−1
		平均	155.2	平均	148.2	+7	+6
	19	最高	180	最高	190	−10	−11
		最低	100	最低	100	0	−1
		平均	170.7	平均	168.2	+2.5	+1.5
	20	最高	55	最高	54	+1	0
		最低	50	最低	50	0	−1
		平均	53.3	平均	52.4	+0.9	−0.1
有 EMBr 与无 EMBr 比温度平均上升/℃						+3.7	+2.7

5341170 炉

中包温差（T_1-T_2）/℃	热电偶编号	有 EMBr /℃		无 EMBr /℃		有 EMBr 与无 EMBr 比温度上升/℃	
						不考虑中包温度	考虑中包温度
−1	13	最高	110	最高	110	0	−1
		最低	90	最低	90	0	−1
		平均	102.3	平均	100.7	+1.6	+0.6
	14	最高	300	最高	300	0	−1
		最低	100	最低	100	0	−1
		平均	210.8	平均	191.2	+19.6	+18.6
	15	最高	76	最高	80	−4	−5
		最低	70	最低	60	+10	+9
		平均	72.2	平均	72.9	−0.7	−1.7
	16	最高	89	最高	90	−1	−2
		最低	80	最低	80	0	−1
		平均	86.3	平均	87.5	−1.2	−2.2

续 表

中包温差(T_1-T_2)/℃	热电偶编号	有 EMBr/℃		无 EMBr/℃		有 EMBr 与无 EMBr 比温度上升/℃	
						不考虑中包温度	考虑中包温度
−1	17	最高	130	最高	130	0	−1
		最低	100	最低	100	0	−1
		平均	116.6	平均	121.4	−4.8	−5.8
	18	最高	120	最高	120	0	−1
		最低	100	最低	100	0	−1
		平均	114.9	平均	111.9	+3	+2
	19	最高	/	最高	/	/	/
		最低	/	最低	/	/	/
		平均	83.7	平均	78.0	+5.7	+4.7
	20	最高	/	最高	/	/	/
		最低	/	最低	/	/	/
		平均	228	平均	223.4	+4.6	+3.6
有 EMBr 与无 EMBr 比温度平均上升/℃						+3.5	+2.5

5341171 炉

中包温差（T_1-T_2）/℃	热电偶编号	有 EMBr /℃		无 EMBr /℃		有 EMBr 与无 EMBr 比温度上升/℃	
						不考虑中包温度	考虑中包温度
+2	13	最高	106	最高	107	−1	+1
		最低	100	最低	100	0	+2
		平均	105.6	平均	104.1	+1.5	+3.5
	14	最高	240	最高	300	−60	−58
		最低	200	最低	100	+100	+102
		平均	230.7	平均	208.1	+22.6	+24.6
	15	最高	90	最高	90	0	+2
		最低	70	最低	70	0	+2
		平均	79.1	平均	78.8	+0.3	+2.3
	16	最高	110	最高	100	+10	+12
		最低	90	最低	80	+10	+12
		平均	98.6	平均	90.4	+8.2	+10.2

续 表

中包温差(T_1-T_2)/℃	热电偶编号	有 EMBr /℃		无 EMBr /℃		有 EMBr 与无 EMBr 比温度上升/℃	
						不考虑中包温度	考虑中包温度
+2	17	最高	140	最高	140	0	+2
		最低	100	最低	100	0	+2
		平均	136.3	平均	133.1	+3.2	+5.2
	18	最高	140	最高	140	0	+2
		最低	100	最低	100	0	+2
		平均	131.4	平均	127.1	+4.3	+6.3
	19	最高	/	最高	/	/	/
		最低	/	最低	/	/	/
		平均	91.0	平均	86.0	+5	+7
	20	最高	/	最高	/	/	/
		最低	/	最低	/	/	/
		平均	236.5	平均	228.5	+8	+10
有 EMBr 与无 EMBr 比温度平均上升/℃						+6.6	+8.6

5101209 炉

中包温差(T_1-T_2)/℃	热电偶编号	有 EMBr/℃		无 EMBr/℃		有 EMBr 与无 EMBr 比温度上升/℃	
						不考虑中包温度	考虑中包温度
+4	13	最高	108	最高	110	−2	+2
		最低	100	最低	90	+10	+14
		平均	105.6	平均	102.9	+2.7	+6.7
	14	最高	240	最高	240	0	+4
		最低	200	最低	200	0	+4
		平均	226.8	平均	226.5	+0.3	+4.3
	15	最高	90	最高	80	+10	+14
		最低	70	最低	70	0	+4
		平均	76.5	平均	78.2	−1.7	+2.3
	16	最高	110	最高	110	0	+4
		最低	90	最低	90	0	+4
		平均	97.5	平均	98.8	−1.3	+2.7

续　表

中包温差 (T_1-T_2) /℃	热电偶编号	有EMBr /℃		无EMBr /℃		有EMBr与无EMBr比温度上升/℃	
						不考虑中包温度	考虑中包温度
+4	17	最高	140	最高	140	0	+4
		最低	100	最低	100	0	+4
		平均	131.2	平均	131.2	0	+4
	18	最高	130	最高	140	0	+4
		最低	100	最低	100	0	+4
		平均	120.2	平均	120.3	−0.1	+3.9
	19	最高	/	最高	/	/	/
		最低	/	最低	/	/	/
		平均	89.5	平均	89.8	−0.3	+3.7
	20	最高	/	最高	/	/	/
		最低	/	最低	/	/	/
		平均	237.4	平均	234	+3.4	+7.4
有EMBr与无EMBr比温度平均上升/℃						+0.4	+4.4

5101235炉

中包温差 (T_1-T_2) /℃	热电偶编号	有EMBr /℃		无EMBr /℃		有EMBr与无EMBr比温度上升/℃	
						不考虑中包温度	考虑中包温度
+1	13	最高	96	最高	100	−4	−3
		最低	90	最低	80	+10	+11
		平均	92.3	平均	104.1	−11.8	−10.8
	14	最高	180	最高	170	+10	+11
		最低	100	最低	100	0	+1
		平均	168.2	平均	160.7	+7.5	+8.5
	15	最高	80	最高	75	+5	+6
		最低	60	最低	70	−10	−9
		平均	72.9	平均	73.1	−0.2	+0.8
	16	最高	110	最高	100	+10	+11
		最低	90	最低	80	+10	+11
		平均	95.1	平均	91.8	+3.3	+4.3

续　表

中包温差 (T_1-T_2)/℃	热电偶编号	有EMBr/℃		无EMBr/℃		有EMBr与无EMBr比温度上升/℃	
						不考虑中包温度	考虑中包温度
+1	17	最高	140	最高	150	−10	−9
		最低	100	最低	100	0	+1
		平均	130.3	平均	132.9	−2.6	−1.6
	18	最高	130	最高	130	0	+1
		最低	100	最低	100	0	+1
		平均	118.7	平均	120.1	−1.4	−0.4
	19	最高	/	最高	/	/	/
		最低	/	最低	/	/	/
		平均	84.1	平均	81.1	+3	+4
	20	最高	/	最高	/	/	/
		最低	/	最低	/	/	/
		平均	204.6	平均	193.9	+10.7	+11.7
有EMBr与无EMBr比温度平均上升/℃						+1.1	+2.1

5341178炉

中包温差 (T_1-T_2) /℃	热电偶编号	有EMBr /℃		无EMBr /℃		有EMBr与无EMBr比温度上升/℃	
						不考虑中包温度	考虑中包温度
+9	13	最高	98	最高	100	−2	+7
		最低	90	最低	80	+10	+19
		平均	94.4	平均	92.0	+2.4	+11.4
	14	最高	180	最高	180	0	+9
		最低	100	最低	100	0	+9
		平均	171.6	平均	171.9	−0.3	+8.7
	15	最高	80	最高	90	−10	−1
		最低	60	最低	70	−10	−1
		平均	72.4	平均	77.4	−5	+4
	16	最高	110	最高	120	−10	−1
		最低	90	最低	90	0	+9
		平均	96.8	平均	101.4	−4.6	+4.4

续　表

中包温差 (T_1-T_2) /℃	热电偶编号	有 EMBr /℃		无 EMBr /℃		有 EMBr 与无 EMBr 比温度上升/℃	
						不考虑中包温度	考虑中包温度
+9	17	最高	140	最高	150	−10	−1
		最低	100	最低	100	0	+9
		平均	131.9	平均	140.2	−8.3	+0.7
	18	最高	120	最高	140	−20	−11
		最低	100	最低	100	0	+9
		平均	112.2	平均	133	−20.8	−11.8
	19	最高	/	最高	/	/	/
		最低	/	最低	/	/	/
		平均	85.9	平均	86.2	−0.3	+8.7
	20	最高	/	最高	/	/	/
		最低	/	最低	/	/	/
		平均	204.2	平均	203.1	+1.1	+10.1
有 EMBr 与无 EMBr 比温度平均上升/℃						−4.5	+4.5

5101236炉

中包温差(T_1-T_2)/℃	热电偶编号	有EMBr/℃		无EMBr/℃		有EMBr与无EMBr比温度上升/℃	
						不考虑中包温度	考虑中包温度
+1	13	最高	100	最高	100	0	+1
		最低	80	最低	80	0	+1
		平均	91.2	平均	91.1	+0.1	+1.1
	14	最高	180	最高	180	0	+1
		最低	100	最低	100	0	+1
		平均	171.8	平均	171.2	+0.6	+1.6
	15	最高	78	最高	76	+2	+3
		最低	70	最低	70	0	+1
		平均	75.5	平均	72.9	+2.6	+3.6
	16	最高	110	最高	110	0	+1
		最低	90	最低	90	0	+1
		平均	99.6	平均	97.5	+2.1	+3.1

续　表

中包温差 (T_1-T_2) /℃	热电偶编号	有 EMBr /℃		无 EMBr /℃		有 EMBr 与无 EMBr 比温度上升/℃	
						不考虑中包温度	考虑中包温度
+1	17	最高	150	最高	150	0	+1
		最低	100	最低	100	0	+1
		平均	137.9	平均	137.9	0	+1
	18	最高	140	最高	140	0	+1
		最低	100	最低	100	0	+1
		平均	131.1	平均	126	+5.1	+6.1
	19	最高	/	最高	/	/	/
		最低	/	最低	/	/	/
		平均	86.2	平均	84.9	+1.3	+2.3
	20	最高	/	最高	/	/	/
		最低	/	最低	/	/	/
		平均	204.2	平均	199.8	+4.4	+5.4
有 EMBr 与无 EMBr 比温度平均上升/℃						+2.0	+3.0

5221584炉

中包温差 (T_1-T_2) /℃	热电偶编号	有EMBr /℃		无EMBr /℃		有EMBr与无EMBr比温度上升/℃	
						不考虑中包温度	考虑中包温度
+1	13	最高	60	最高	60	0	+1
		最低	0	最低	0	0	+1
		平均	53.5	平均	47.6	+5.9	+6.9
	14	最高	300	最高	300	0	+1
		最低	0	最低	0	0	+1
		平均	200.6	平均	176.9	+23.7	+24.7
	15	最高	200	最高	100	+100	+101
		最低	0	最低	0	0	+1
		平均	95.7	平均	79.6	+16.1	+17.1
	16	最高	100	最高	90	+10	+11
		最低	0	最低	0	0	+1
		平均	77.8	平均	67.0	+10.8	+11.8

续 表

中包温差 (T_1-T_2) /℃	热电偶编号	有 EMBr /℃		无 EMBr /℃		有 EMBr 与无 EMBr 比温度上升/℃	
						不考虑中包温度	考虑中包温度
+1	17	最高	200	最高	200	0	+1
		最低	0	最低	0	0	+1
		平均	116.8	平均	101.8	+15	+16
	18	最高	200	最高	200	0	+1
		最低	0	最低	0	0	+1
		平均	139.7	平均	120	+19.7	+20.7
	19	最高	200	最高	200	0	+1
		最低	0	最低	0	0	+1
		平均	180.3	平均	157.6	+22.7	+23.7
	20	最高	60	最高	60	0	+1
		最低	/	最低	/	/	/
		平均	47.5	平均	42	+5.5	+6.5
有 EMBr 与无 EMBr 比温度平均上升/℃						+14.9	+15.9

5101612 炉

中包温差（T_1-T_2）/℃	热电偶编号	有 EMBr /℃		无 EMBr /℃		有 EMBr 与无 EMBr 比温度上升/℃	
						不考虑中包温度	考虑中包温度
+2	13	最高	60	最高	60	0	+2
		最低	0	最低	0	0	+2
		平均	52.5	平均	48.2	+4.3	+6.3
	14	最高	300	最高	300	0	+2
		最低	0	最低	0	0	+2
		平均	201.3	平均	186.8	+14.5	+16.5
	15	最高	200	最高	200	0	+2
		最低	0	最低	0	0	+2
		平均	97.9	平均	91.0	+6.9	+8.9
	16	最高	90	最高	90	0	+2
		最低	0	最低	0	0	+2
		平均	81.7	平均	76.2	+5.5	+7.5

续 表

中包温差 (T_1-T_2) /℃	热电偶编号	有 EMBr /℃		无 EMBr /℃		有 EMBr 与无 EMBr 比温度上升/℃	
						不考虑中包温度	考虑中包温度
+2	17	最高	200	最高	200	0	+2
		最低	0	最低	0	0	+2
		平均	130.9	平均	120.3	+10.6	+12.6
	18	最高	200	最高	200	0	+2
		最低	0	最低	0	0	+2
		平均	152.7	平均	143.5	+9.2	+11.2
	19	最高	200	最高	200	0	+2
		最低	0	最低	0	0	+2
		平均	182.1	平均	168	+14.1	+16.1
	20	最高	60	最高	60	0	+2
		最低	0	最低	0	0	+2
		平均	46.3	平均	42.8	+3.5	+5.5
有 EMBr 与无 EMBr 比温度平均上升/℃						+8.6	+10.6

5101598炉

中包温差 (T_1-T_2) /℃	热电偶编号	有EMBr /℃		无EMBr /℃		有EMBr与无EMBr比温度上升/℃	
						不考虑中包温度	考虑中包温度
+4	13	最高	80	最高	80	0	+4
		最低	0	最低	0	0	+4
		平均	67.6	平均	62.4	+5.2	+9.2
	14	最高	300	最高	300	0	+4
		最低	0	最低	0	0	+4
		平均	195.8	平均	180.3	+15.5	+19.5
	15	最高	200	最高	100	+100	+104
		最低	0	最低	0	0	+4
		平均	94.5	平均	79.9	+14.6	+18.6
	16	最高	90	最高	90	0	+4
		最低	0	最低	0	0	+4
		平均	75.77	平均	70.0	+5.7	+9.7

续 表

中包温差 (T_1-T_2) /℃	热电偶编号	有 EMBr /℃		无 EMBr /℃		有 EMBr 与无 EMBr 比温度上升/℃	
						不考虑中包温度	考虑中包温度
+4	17	最高	200	最高	200	0	+4
		最低	0	最低	0	0	+4
		平均	116.7	平均	108.2	+8.5	+12.5
	18	最高	200	最高	200	0	+4
		最低	0	最低	0	0	+4
		平均	127.6	平均	115	+12.6	+16.6
	19	最高	200	最高	200	0	+4
		最低	0	最低	0	0	+4
		平均	171.4	平均	160.2	+11.2	+15.2
	20	最高	70	最高	70	0	+4
		最低	0	最低	0	0	+4
		平均	58.2	平均	53.5	+4.7	+8.7
有 EMBr 与无 EMBr 比温度平均上升/℃						+9.7	+13.7

5101600 炉

中包温差 (T_1-T_2) /℃	热电偶编号	有 EMBr /℃		无 EMBr /℃		有 EMBr 与无 EMBr 比温度上升/℃	
						不考虑中包温度	考虑中包温度
+3	13	最高	80	最高	80	0	+3
		最低	0	最低	0	0	+3
		平均	62.6	平均	58.7	+3.9	+6.9
	14	最高	300	最高	300	0	+3
		最低	0	最低	0	0	+3
		平均	185.2	平均	158.4	+26.8	+29.8
	15	最高	100	最高	100	0	+3
		最低	0	最低	0	0	+3
		平均	85.5	平均	77.0	+8.5	+11.5
	16	最高	90	最高	90	0	+3
		最低	0	最低	0	0	+3
		平均	71.6	平均	66.4	+5.2	+8.2

续 表

中包温差(T_1-T_2)/℃	热电偶编号	有EMBr/℃		无EMBr/℃		有EMBr与无EMBr比温度上升/℃	
						不考虑中包温度	考虑中包温度
+3	17	最高	200	最高	200	0	+3
		最低	0	最低	0	0	+3
		平均	71.6	平均	102.8	−31.2	−28.2
	18	最高	200	最高	200	0	+3
		最低	0	最低	0	0	+3
		平均	115.6	平均	109.8	+5.8	+8.8
	19	最高	200	最高	200	0	+3
		最低	0	最低	0	0	+3
		平均	166.3	平均	164.1	+12.2	+15.2
	20	最高	70	最高	79	−9	−6
		最低	0	最低	0	0	+3
		平均	54.3	平均	51.1	+3.2	+6.2
有EMBr与无EMBr比温度平均上升/℃						+4.3	+7.3

5101602 炉

中包温差 (T_1-T_2) /℃	热电偶编号	有 EMBr /℃		无 EMBr /℃		有 EMBr 与无 EMBr 比温度上升/℃	
						不考虑中包温度	考虑中包温度
+4	13	最高	80	最高	80	0	+4
		最低	0	最低	—	0	+4
		平均	67.7	平均	60.2	+7.5	+11.5
	14	最高	300	最高	300	0	+4
		最低	0	最低	0	0	+4
		平均	193.6	平均	177	+16.6	+20.6
	15	最高	200	最高	200	0	+4
		最低	0	最低	0	0	+4
		平均	86.7	平均	84.2	+2.5	+6.5
	16	最高	90	最高	90	0	+4
		最低	0	最低	0	0	+4
		平均	76.0	平均	67.7	+8.3	+12.3

续 表

中包温差（T_1-T_2）/℃	热电偶编号	有EMBr /℃		无EMBr /℃		有EMBr与无EMBr比温度上升/℃	
						不考虑中包温度	考虑中包温度
+4	17	最高	200	最高	200	0	+4
		最低	0	最低	0	0	+4
		平均	119.6	平均	108.7	+10.9	+14.9
	18	最高	200	最高	200	0	+4
		最低	0	最低	0	0	+4
		平均	134.2	平均	125.8	+8.4	+12.4
	19	最高	200	最高	200	0	+4
		最低	0	最低	0	0	+4
		平均	175.8	平均	153.8	+22	+26
	20	最高	70	最高	70	0	+4
		最低	0	最低	0	0	+4
		平均	58.1	平均	51.7	+6.4	+10.4
有EMBr与无EMBr比温度平均上升/℃						+10.3	+14.3

5221575 炉

中包温差 (T_1-T_2) /℃	热电偶编号	有 EMBr /℃		无 EMBr /℃		有 EMBr 与无 EMBr 比温度上升/℃	
						不考虑中包温度	考虑中包温度
+2	13	最高	80	最高	80	0	+2
		最低	0	最低	0	0	+2
		平均	66.8	平均	63.7	+3.1	+5.1
	14	最高	300	最高	300	0	+2
		最低	0	最低	0	0	+2
		平均	195.7	平均	182.9	+12.8	+14.8
	15	最高	200	最高	200	0	+2
		最低	0	最低	0	0	+2
		平均	91.1	平均	89.5	+1.6	+3.6
	16	最高	90	最高	90	0	+2
		最低	0	最低	0	0	+2
		平均	80.5	平均	76.0	+4.5	+6.5

续 表

中包温差（T_1-T_2）/℃	热电偶编号	有 EMBr /℃		无 EMBr /℃		有 EMBr 与无 EMBr 比温度上升/℃	
						不考虑中包温度	考虑中包温度
+2	17	最高	200	最高	200	0	+2
		最低	0	最低	0	0	+2
		平均	125	平均	118.7	+6.3	+8.3
	18	最高	200	最高	200	0	+2
		最低	0	最低	0	0	+2
		平均	143.6	平均	137.2	+6.4	+8.4
	19	最高	300	最高	200	+100	+102
		最低	0	最低	0	0	+2
		平均	176.6	平均	163.5	+13.1	+15.1
	20	最高	70	最高	70	0	+2
		最低	0	最低	0	0	+2
		平均	57.3	平均	55.2	+2.1	+4.1
有 EMBr 与无 EMBr 比温度平均上升/℃						+6.2	+8.2

5101604炉

中包温差 (T_1-T_2) /℃	热电偶编号	有EMBr /℃		无EMBr /℃		有EMBr与无EMBr比温度上升/℃	
						不考虑中包温度	考虑中包温度
-1	13	最高	80	最高	80	0	-1
		最低	0	最低	0	0	-1
		平均	72.7	平均	65.1	+7.7	+6.7
	14	最高	300	最高	300	0	-1
		最低	0	最低	0	0	-1
		平均	208.5	平均	190	+18.5	+17.5
	15	最高	100	最高	100	0	-1
		最低	0	最低	0	0	-1
		平均	91.4	平均	83.4	+8	+7
	16	最高	90	最高	90	0	-1
		最低	0	最低	0	0	-1
		平均	81.8	平均	74.8	+7	+6

续 表

<table>
<tr><th rowspan="2">中包温差
(T_1-T_2)
/℃</th><th rowspan="2">热电偶编号</th><th colspan="2" rowspan="2">有 EMBr
/℃</th><th colspan="2" rowspan="2">无 EMBr
/℃</th><th colspan="2">有 EMBr 与无 EMBr
比温度上升/℃</th></tr>
<tr><th>不考虑中包温度</th><th>考虑中包温度</th></tr>
<tr><td rowspan="12">−1</td><td rowspan="3">17</td><td>最高</td><td>200</td><td>最高</td><td>200</td><td>0</td><td>−1</td></tr>
<tr><td>最低</td><td>0</td><td>最低</td><td>0</td><td>0</td><td>−1</td></tr>
<tr><td>平均</td><td>131.9</td><td>平均</td><td>120</td><td>+11.9</td><td>+10.9</td></tr>
<tr><td rowspan="3">18</td><td>最高</td><td>200</td><td>最高</td><td>200</td><td>0</td><td>−1</td></tr>
<tr><td>最低</td><td>0</td><td>最低</td><td>0</td><td>0</td><td>−1</td></tr>
<tr><td>平均</td><td>145.2</td><td>平均</td><td>131.5</td><td>+13.7</td><td>+12.7</td></tr>
<tr><td rowspan="3">19</td><td>最高</td><td>200</td><td>最高</td><td>200</td><td>0</td><td>−1</td></tr>
<tr><td>最低</td><td>0</td><td>最低</td><td>0</td><td>0</td><td>−1</td></tr>
<tr><td>平均</td><td>185.8</td><td>平均</td><td>168.8</td><td>+17</td><td>+16</td></tr>
<tr><td rowspan="3">20</td><td>最高</td><td>70</td><td>最高</td><td>70</td><td>0</td><td>−1</td></tr>
<tr><td>最低</td><td>0</td><td>最低</td><td>0</td><td>0</td><td>−1</td></tr>
<tr><td>平均</td><td>61.2</td><td>平均</td><td>55.4</td><td>+5.8</td><td>+4.8</td></tr>
<tr><td colspan="6">有 EMBr 与无 EMBr 比温度平均上升/℃</td><td>+11.2</td><td>+10.2</td></tr>
</table>

5101601炉

中包温差 (T_1-T_2) /℃	热电偶编号	有EMBr /℃		无EMBr /℃		有EMBr与无EMBr比温度上升/℃	
						不考虑中包温度	考虑中包温度
−4	13	最高	80	最高	80	0	−4
		最低	0	最低	0	0	−4
		平均	66.6	平均	61.2	5.4	1.4
	14	最高	300	最高	300	0	−4
		最低	0	最低	0	0	−4
		平均	192	平均	178.2	13.8	9.8
	15	最高	200	最高	100	100	96
		最低	0	最低	0	0	−4
		平均	90.6	平均	81.7	8.9	4.9
	16	最高	90	最高	90	0	−4
		最低	0	最低	0	0	−4
		平均	78.8	平均	70.7	8.1	4.1

续 表

中包温差 (T_1-T_2) /℃	热电偶编号	有 EMBr /℃		无 EMBr /℃		有 EMBr 与无 EMBr 比温度上升/℃	
						不考虑中包温度	考虑中包温度
-4	17	最高	200	最高	200	0	-4
		最低	0	最低	0	0	-4
		平均	124.6	平均	111.4	13.2	9.2
	18	最高	200	最高	200	0	-4
		最低	0	最低	0	0	-4
		平均	131.3	平均	120.3	11	7
	19	最高	200	最高	200	0	-4
		最低	0	最低	0	0	-4
		平均	172.1	平均	159.1	13	9
	20	最高	70	最高	70	0	-4
		最低	0	最低	0	0	-4
		平均	57.1	平均	53.1	4.0	0
有 EMBr 与无 EMBr 比温度平均上升/℃						9.7	5.7

5341538炉

中包温差 (T_1-T_2) /℃	热电偶编号	有EMBr /℃		无EMBr /℃		有EMBr与无EMBr比温度上升/℃	
						不考虑中包温度	考虑中包温度
+2	13	最高	70	最高	70	0	+2
		最低	50	最低	50	0	+2
		平均	59.7	平均	60.6	−0.9	+1.1
	14	最高	190	最高	190	0	+2
		最低	100	最低	100	0	+2
		平均	180.4	平均	179.7	+0.7	+2.7
	15	最高	300	最高	200	+100	+102
		最低	100	最低	100	0	+2
		平均	193.2	平均	189.6	+3.6	+5.6
	16	最高	89	最高	100	−11	−9
		最低	80	最低	80	0	+2
		平均	86.1	平均	87.5	−1.4	+0.6

续　表

中包温差（T_1-T_2）/℃	热电偶编号	有 EMBr /℃		无 EMBr /℃		有 EMBr 与无 EMBr 比温度上升/℃	
						不考虑中包温度	考虑中包温度
+2	17	最高	100	最高	100	0	+2
		最低	80	最低	80	0	+2
		平均	89.3	平均	90.1	−0.8	+1.2
	18	最高	65	最高	65	0	+2
		最低	60	最低	60	0	+2
		平均	63.8	平均	64.1	−0.3	+1.7
	19	最高	250	最高	240	+10	+12
		最低	200	最低	200	0	+2
		平均	226	平均	224.1	+1.9	+3.9
	20	最高	60	最高	60	0	+2
		最低	50	最低	50	0	+2
		平均	57.2	平均	57.6	−0.4	+1.6
有 EMBr 与无 EMBr 比温度平均上升/℃						+0.3	+2.3

341539 炉

中包温差 (T_1-T_2) /℃	热电偶编号	有 EMBr /℃		无 EMBr /℃		有 EMBr 与无 EMBr 比温度上升/℃	
						不考虑中包温度	考虑中包温度
+1	13	最高	70	最高	70	0	+1
		最低	50	最低	50	0	+1
		平均	60.3	平均	59.7	+0.6	+1.6
	14	最高	190	最高	190	0	+1
		最低	100	最低	100	0	+1
		平均	181.9	平均	178.1	+3.8	+4.8
	15	最高	300	最高	300	0	+1
		最低	100	最低	100	0	+1
		平均	196.3	平均	190.6	+5.7	+6.7
	16	最高	100	最高	90	+10	+11
		最低	80	最低	80	0	+1
		平均	91.5	平均	87.4	+4.1	+5.1

续 表

中包温差(T_1-T_2)/℃	热电偶编号	有EMBr/℃		无EMBr/℃		有EMBr与无EMBr比温度上升/℃	
						不考虑中包温度	考虑中包温度
+1	17	最高	100	最高	100	0	+1
		最低	80	最低	80	0	+1
		平均	90	平均	90.4	-0.4	+0.6
	18	最高	67	最高	67	0	+1
		最低	60	最低	60	0	+1
		平均	66.3	平均	64.6	+1.7	+2.7
	19	最高	250	最高	260	-10	-9
		最低	200	最低	200	0	+1
		平均	232.7	平均	234.6	-1.9	-0.9
	20	最高	59	最高	70	-11	-10
		最低	50	最低	50	0	+1
		平均	56.9	平均	57.2	-0.3	+0.7
有EMBr与无EMBr比温度平均上升/℃						+1.7	+2.7

5101611 炉

中包温差（T_1-T_2）/℃	热电偶编号	有 EMBr /℃		无 EMBr /℃		有 EMBr 与无 EMBr 比温度上升/℃	
						不考虑中包温度	考虑中包温度
+2	13	最高	70	最高	70	0	+2
		最低	50	最低	20	0	+2
		平均	60.1	平均	61.2	−1.1	+0.9
	14	最高	190	最高	190	0	+2
		最低	100	最低	100	0	+2
		平均	175.4	平均	182.8	−7.4	−5.4
	15	最高	200	最高	170	+30	+32
		最低	100	最低	100	0	+2
		平均	183.3	平均	148.6	+34.7	+36.7
	16	最高	86	最高	90	−4	−2
		最低	80	最低	80	0	+2
		平均	83.6	平均	87.2	−3.6	−1.6

续 表

中包温差 (T_1-T_2) /℃	热电偶编号	有 EMBr /℃		无 EMBr /℃		有 EMBr 与无 EMBr 比温度上升/℃	
						不考虑中包温度	考虑中包温度
+2	17	最高	100	最高	99	+1	+3
		最低	80	最低	90	−10	−8
		平均	89.1	平均	94.3	−5.2	−3.2
	18	最高	64	最高	64	0	+2
		最低	60	最低	60	0	+2
		平均	62.5	平均	63.1	−0.6	+1.4
	19	最高	300	最高	300	0	+2
		最低	100	最低	100	0	+2
		平均	218.9	平均	200	+18.9	+20.9
	20	最高	69	最高	69	0	+2
		最低	50	最低	50	0	+2
		平均	56.9	平均	57.4	−0.5	+1.5
有 EMBr 与无 EMBr 比温度平均上升/℃						+4.4	+6.4

5341542 炉

中包温差 (T_1-T_2) /℃	热电偶编号	有 EMBr /℃		无 EMBr /℃		有 EMBr 与无 EMBr 比温度上升/℃	
						不考虑中包温度	考虑中包温度
+1	13	最高	70	最高	70	0	+1
		最低	50	最低	50	0	+1
		平均	60.1	平均	61.6	−1.5	−0.5
	14	最高	190	最高	190	0	+1
		最低	100	最低	100	0	+1
		平均	179.3	平均	180.9	−1.6	−0.6
	15	最高	300	最高	300	0	+1
		最低	100	最低	100	0	+1
		平均	195.2	平均	178.5	+16.7	+17.7
	16	最高	100	最高	88	+12	+13
		最低	80	最低	80	0	+1
		平均	86.6	平均	84.5	+2.1	+3.1

续 表

中包温差(T_1-T_2)/℃	热电偶编号	有EMBr/℃		无EMBr/℃		有EMBr与无EMBr比温度上升/℃	
						不考虑中包温度	考虑中包温度
+1	17	最高	100	最高	100	0	+1
		最低	80	最低	80	0	+1
		平均	89.6	平均	91.0	−1.4	−0.4
	18	最高	65	最高	66	−1	0
		最低	60	最低	60	0	+1
		平均	64.2	平均	64.4	−0.2	+0.8
	19	最高	240	最高	240	0	+1
		最低	200	最低	200	0	+1
		平均	229	平均	224.9	+4.1	+5.1
	20	最高	60	最高	69	−9	−8
		最低	50	最低	50	0	+1
		平均	57.2	平均	57.5	−0.3	+0.7
有EMBr与无EMBr比温度平均上升/℃						+2.2	+3.2

5101603炉

中包温差 (T_1-T_2) /℃	热电偶编号	有EMBr /℃		无EMBr /℃		有EMBr与无EMBr比温度上升/℃	
						不考虑中包温度	考虑中包温度
+1	13	最高	78	最高	80	−2	−1
		最低	70	最低	60	+10	+11
		平均	75.1	平均	73.4	+1.7	+2.7
	14	最高	200	最高	190	+10	+11
		最低	100	最低	100	0	+1
		平均	184.9	平均	178.8	+6.1	+7.1
	15	最高	300	最高	180	+120	+121
		最低	100	最低	100	0	+1
		平均	196	平均	159.8	+36.2	+37.2
	16	最高	100	最高	100	0	+1
		最低	80	最低	80	0	+1
		平均	87.4	平均	83.4	+4.0	+5.0

续 表

中包温差 (T_1-T_2) /℃	热电偶编号	有EMBr /℃		无EMBr /℃		有EMBr与无EMBr比温度上升/℃	
						不考虑中包温度	考虑中包温度
+1	17	最高	94	最高	100	−6	−5
		最低	90	最低	80	+10	+11
		平均	92.3	平均	91.3	+1.0	+2.0
	18	最高	65	最高	65	0	+1
		最低	60	最低	60	0	+1
		平均	63.6	平均	62.0	+1.6	+2.6
	19	最高	250	最高	230	+20	+21
		最低	200	最低	200	0	+1
		平均	232.6	平均	212.9	+19.7	+20.7
	20	最高	80	最高	80	0	+1
		最低	60	最低	60	0	+1
		平均	69.2	平均	68.7	+0.5	+1.5
有EMBr与无EMBr比温度平均上升/℃						+8.9	+9.9

参 考 文 献

[1] 张绍贤. 薄板坯连铸连轧工艺技术发展的概况. 炼钢，2002(2)：51－53.

[2] 周德光，傅杰等. CSP 薄板坯的铸态组织特征研究. 钢铁，2003，38(8)：47.

[3] 马忠仁. 薄板坯连铸技术进步与产品结构进展. 炼钢，2001，17(2)：13.

[4] 仲增墉. 中国薄板坯连铸连轧技术的现状和发展. 钢铁，2003，38(7)：4－7.

[5] SMS Demag/ Dieter Rosenthal 等. 第二代 CSP 厂及其发展趋势. 2002 年薄板坯连铸连轧国际研讨会，广州，2002：32.

[6] P. F. Marcus et al. World Steel Dynamics. Monitor Report，1990(5)：29.

[7] 蒋昌龄等. 马钢 CSP 生产线工艺技术特点. 第二届薄板质量研讨会论文集，中国金属学会，2002：160.

[8] 宋贤. 薄板坯连铸连轧线辊底式加热炉. 特殊钢，2001，22，(6)：30.

[9] Fritz-Pete Pleschiuts chnigg，Gunter Flemming，Wolfgang Hennig，et al. The Latest Developments in CSP-Technology. 1999 CSP Annual Meeting，Beijing，1999：19－21.

[10] 司永涛，田荣彬，李德刚. 包钢 CSP 生产与实践. 2002 年薄板坯连铸连轧国际研讨会，广州，2002：20.

[11] 李晓，崔国旗，李美云. 邯钢 CSP 生产线品种钢开发. 2002 年薄板坯连铸连轧国际研讨会，广州，2002：211.

[12] 王中丙，傅杰，周德光. 珠钢电炉－CSP 技术的最新进展. 2002 年薄板坯连铸连轧国际研讨会，广州，2002：9.

[13] 孙复森，马伟玉，蒋海涛. 马钢 CSP 调试生产实践. 2002 年薄板

坯连铸连轧国际研讨会，广州，2002：146.

[14] 柴海涛，刘光穆，周春泉. 华菱涟钢先进的CSP生产线. 2003中国钢铁年会论文集(第4卷)，北京：冶金工业出版社，2003：138-142.

[15] 张洪波. 薄板坯连铸工艺技术基础的评述. 钢铁，2002，37(4)：72-73.

[16] 殷瑞钰. 关于薄板坯连铸连轧工艺、装备的发展问题. 薄板坯连铸连轧技术交流与开发协会第二次技术交流会论文集，包头，2004，5：7-9.

[17] Günter Flemming, Franz Hofmann, Joachim Schwellenbach. CSP-The advanced technology for mini-mills leading into the next century. MPT Int., 1997(3)：64.

[18] 何国梁，陈世杰. 薄板坯(中厚板坯)连铸连轧技术的发展和应用[A]. 钢铁工业前沿技术[C]，北京：中国金属学会，2000.

[19] 薛凌. 薄板坯连铸连轧技术的进展. 北京科技大学学报，2003，(6)：207-208.

[20] J. B. Sears Jr. 用组合式薄板坯漏斗形结晶器改进产品质量提高浇铸速度及设备寿命. 世界钢铁，2003(1)：59.

[21] J. B. Sears Jr. Improved product quality, increased cast speed and extended equipment life with thin-slab cassette funnel molds. Iron & Steel Maker，2002(2)：21-28.

[22] 王义芳. 邯钢薄板坯连铸连轧工艺优化及创新. 钢铁，2003，38(7)：21.

[23] 牛永青，杨晓江等. 薄板坯连铸机浸入式水口的应用技术. 连铸，2003(4)：39.

[24] 肖德才. 薄板坯连铸的关键技术. 钢铁技术，1997(2)：1-5.

[25] 牛永青，杨晓江，王爱东. 薄板坯连铸机浸入式水口的应用技术. 连铸，2003(4)：39.

[26] 薛凌. 薄板坯连铸连轧技术的发展. 北京科技大学学报，2003，25(6)：208.

[27] 毛斌. 生产清洁度钢水的磁流体力学技术. 连铸，1998(5)：7.
[28] 王军，王宏静，刘杰. 连铸工艺中的电磁技术. 宽厚板，2000(3)：18－21.
[29] 毛斌. 连铸电磁冶金技术. 连铸，1999(6)：37－38.
[30] Jun Nagai et al. Steel Flow Control in a Hight-speed Contionuous Slab Caster Using an Electromagnetic Brake. Iron & Steel Engineer，1984(5)：41－47.
[31] Lehman A，Tallback G，Rullgard A. The Use of Electromagnetic Braking in Continuous Casting. Steel Times，1996(7)：278－280.
[32] Ishii T.，et al. The electromagnetic brake technique with level DC magnetic field－1 (development of high quality stabilization technology of the continuous caster－8). CAMP－ISIJ，1996 (9)：206.
[33] Ishii T.，et al. The electromagnetic brake technique with level DC magnetic field－2 (development of high quality stabilization technology of the continuous caster－9). CAMP－ISIJ，1996 (9)：207.
[34] Hanada H. et al. Effect of density difference of molten steels on the mixing in strand pool in the sequential casting of different steel grades with a level DC magnetic field. CAMP－ISIJ，1999 (12)：830.
[35] Hanada H. et al. Effects of carbon and ferrite-stabilizing elements on austenite grain formation for hypo-peritectic carbon steel. Tetsu-to-Hagane，2000，86(4)：76－82.
[36] 李宝宽，赫冀成. 电磁制动法缩短钢坯过渡段的数值模拟. 东北大学学报：自然科学版，1997，18(5)：541－545.
[37] Zeze M，Tanaka H et al. Continuous Casting of Clad Steel Slab with Level Magnetic Field Brake. Steelmaking Conference Proceedings，1996：225－230.

[38] Kollberg S. 改进板坯质量的电磁制动. 世界钢铁,1996(3):21-24.

[39] 汪洪峰,郭振和. 结晶器电磁制动技术在高效连铸中的应用. 钢铁研究,2003(12):43-44.

[40] 黄军涛,赫冀成. 方坯结晶器内钢液凝固及电磁制动的数值模拟. 金属学报,2001(3):284.

[41] Asai S. Develop Continuous Casting Technology. Iron and Steel Engineer, 1983(1): 81.

[42] Hosotani H., et al.. The effect of imposition of static magnetic field on flow of molten steel in continuous casting mold. Tetsu-to-Hagane, 1987,73(3): 306.

[43] Fuji Takatani, et al. Analysis of Heat Transfer and Fluid Flow in the Continuous Casting Mold with Electromagnetic Brake. ISIJ International, 1989, 29(12): 1063-1068.

[44] Kariya K, kitano Y, et al. Development of Flow Control Mold for High Speed Using Static Magnetic Fields. Steel-Making Conference Proceedings, 1994: 53-58.

[45] Kollberg S G, Hackl H R, et al. Improving Quality of Flat Rolled Products Using Electromagnetic Brake (EMBr) in Continuous Casting. Iron and Steel Engineer, 1996(6): 24-28.

[46] Akira Idogawa, Yoshihisa Kitano, Hirokazu Tozawa. Control of Molten Steel Flow in Continuous Casting Mold by Two Static Magnetic Fields Covering Whole Width. Kawasaki Steel Technical Report, 1996(35): 74-81.

[47] Hideo Take, Hisanai, et al. Electromagnetic FC Mould for Continuous Casting. Steel Technology International, 1996/1997: 89-92.

[48] Okuyama K., et al. Improvement of slab quality by static magnetic field (development of FC mold 2). CAMP - ISIJ, 1999(12): 831.

[49] 荣升,毛斌,李二建. 板坯连铸结晶器内全幅两段电磁制动弯月面形状的数值模拟. 连铸,2000(1):33.

[50] Joong Kil Park, Brian G. Thomas, Indira V. Samarasekera. and U. Sok Yoon. Thermal and Mechanical Behavior of Copper Molds during Thin-Slab Casting (Ⅱ. Mold Crack Formation). Metal. Mat. Trans. B, 2002, 33B(6): 437.

[51] Joong Kil Park, Brian G. Thomas, Indira V. Samarasekera, and U. Sok Yoon. Thermal and Mechanical Behavior of Copper Molds during Thin-Slab Casting (Ⅰ Plant Trial and Mathematical Modeling). Metall. Mat. Trans. B, 2002, 33B(6): 425.

[52] 蔡开科,程士富. 连续铸钢原理与工艺. 北京:冶金工业出版社,1994:315-316.

[53] 卢盛意. 连铸坯质量. 北京:冶金工业出版社,1994:76-81.

[54] Irving W. R. Effect of steel chemistry and operating parameters on surface defects in continuously cast slabs. Ironmaking & Steelmaking, 1984(3): 146.

[55] 田乃媛. 薄板坯连铸连轧. 北京:冶金工业出版社, 1998:148-151.

[56] 唐荻,蔡庆伍. 薄板坯连铸连轧的产品质量控制. 钢铁,1998,33(7):67.

[57] Michael Korchysky, Stanislaw Zajac. 薄板坯工艺生产板材产品的技术和经济优势. CSP 品种与钒氮微合金化,钢铁研究总院,钒氮钢发展中心:11.

[58] 唐荻,米振莉. 薄板坯连铸连轧产品的质量控制. 轧钢,1999,5:54.

[59] 王中丙,谢利群. CSP 生产的热轧薄板边裂的影响因素与控制. 钢铁,2002,37(9):33.

[60] 任吉堂,刘宏强. 邯钢薄板坯连铸连轧试产情况分析. 钢铁,2001,36(12):44.

[61] E. Takeuchi, J. K. Brimacombe. The Formation of Oscillation

Marks in the Continuous Casting of Steel Slabs [J]. Metall. Trans. B, 1984, 15B(9): 493-509.

[62] Manfred M. Wolf. Mold Oscillation Guidelines [C]. Proc. 74th Steelmaking Conf., Washington, D. C., Warrendale, PA, USA, Iron & Steel Soc of AIME, 1991: 51-71.

[63] Hakau Nakato, Tsutomu Nozaki, Yasuiro Habu et al. Improvement of surface quality of continuously cast slabs by high frequency mold oscillation [C]. Proc. 68th Steelmaking Conf., Detroit, Warrendale, PA, USA, Iron & Steel Soc of AIME, 1985: 361-365.

[64] Hiroyuki Yasunaka, Toshiharu Mori, Hitoshi Nakata et al. Improvement of surface quality of continuously cast steel by high cycle mold oscillation [C]. Proc. 69th Steelmaking Conf., Washington D. C., Warrendale, PA, USA, Iron & Steel Soc of AIME, 1986: 497-502.

[65] 王昌绪,王新华,王万军,等.提高连铸结晶器振动频率、减少振幅改善铸坯质量的研究[J].钢铁,2003,381(1):19-21.

[66] 李宪奎,张德明著.连铸结晶器振动技术[M].北京:冶金工业出版社,2000.

[67] Mikio Suzuki, Hideaki Mizukami, And Tour Kitgawa et al. Development of a new mold oscillation mode for high-speed continuous casting of steel slabs [J]. ISIJ Int. l, 1991, 31(3): 254-261.

[68] Liu, H.-P., Qui, S.-T., Gan, Y., Zhang, H., De, J.-Y. Development of mechanical drive type non-sinusoidal oscillator for continuous casting of steel [J]. Ironmaking and Steelmaking, 2002, 29(3): 180-184.

[69] 张兴中,干勇.薄板坯连铸连轧技术推动传统连铸高速化.钢铁,2001,36(1):36.

[70] Ehrenberg, Hans-Juergen, Kaiser Heinz Peter, Kluge Jens, Wuennenberg Klaus. Casting of round strands in a resonance mould [J]. MPT Metall. Plant and Tech. Int., 2000,23(2): 50-54.

[71] 唐萍,文光华等. CSP 薄板坯连铸低碳钢结晶器保护渣的研究. 钢铁,2003,38(3): 16.

[72] 朱立光,金山同. 高速连铸工艺中的结晶器保护渣技术[J]. 钢铁,1998,33 (8): 68-71.

[73] Mills Kenneth C, Fox Alistair B. The Role of Mould Fluxes in Continuous Casting, So Simple Yet So Complex [J]. ISIJ Int., 2003,43(10): 1479-1486.

[74] 胡忠仁. 高速连铸保护渣技术的探讨. 连铸,1991(1): 38.

[75] 张贺林,朱果录. 薄板坯连铸用保护渣. 钢铁,1995,30(2): 237.

[76] 任忠鸣,董华峰. 软接触结晶器电磁连铸中初始凝固的基础研究[J]. 金属学报,1999,35(8): 851-855.

[77] Tingiu Li, Kensuke Sassa and Shigeo Asai. Surface quality improvement of continuously cast metals by imposing intermittent high frequency magnetic field and synchronizing the field with mold oscillation [J]. ISIJ Int., 1996,36(4): 410-416.

[78] Takehiko TOH, Eiichi TAKEUCHI, Masatake HOJO, Hiroyuki KAWAI and Shogo MATSUMURA Matsumura. Electromagnetic Control of Initial Solidification in Continuous Casting of Steel by Low Frequency Alternating Magnetic Field [J]. ISIJ Int., 1997, 37(11): 1112-1119.

[79] Young-Whan CHO, Young-Joo OH Soon-Hyo CHUNG Jae-Dong SHIM. Mechanism of surface quality improvement in continuous cast slab with rectangular cold crucible mold [J]. International, 1998,38(37): 723-729.

[80] Kenzo Ayata, Kenichi Miyazawa, Eiichi Takenuchi, Nagayasu Bessho, Hideo Mori and Hirokazu Tozawa. Outline of national

project on application of electromagnetic force to continuous casting of steel [C]// Asai S ed. The 3rd International Symposium on EPM. Nagoya, ISIJ, 2000: 376 - 380.

[81] T. Mochida, S. Nara, H. Iijima, Y. Kishimoto and S. Takeuchi. Flow control of molten steel in mold with super conduction magnets. CAMP - ISIJ, 2001(14): 165.

[82] Sekely J. and Yodaya R. T. The Physical and Mathematical Modeling of the Flow Field in the Mold Region in Continuous Casting System, Part 2: The Mathematical Representation of the Turbulence Flow Field. Metall. Trans., 1973(4): 1379 - 1388.

[83] Kelly J. E., Mickalek K. P., O'connor T. G. et al. Initial Development of Thermal and Stress Fields in Continuously cast Steel Billets. Metall. Trans. A, 1988, 19A: 2589 - 2601.

[84] Thomas B. G., Mike L. J. And Najjar F. M. Simulation of Fluid Flow Inside a Continuous Slab Casting Machine. Metall. Trans. B, 1990, 21B: 387 - 400.

[85] Huang X, Thomas B. G., and Najjar F. M.. Modeling Superheat Removal During Continuous Casting of Slabs. Metall. Trans. B, 1992, 23B: 339 - 359.

[86] Honeyands T., Lucas J. and Chambers J. et al. 向薄板坯连铸机结晶器提供钢水的初步模型. 国外钢铁,1993(10): 38 - 44.

[87] 包燕平,朱建强,蒋伟,张涛,田乃媛,徐宝美. 薄板坯连铸结晶器内流场的三维数值模拟. 北京科技大学学报,2000,22(5): 409 - 413.

[88] 文光华,李刚,张建春,刘小梅,方圆. 薄板坯连铸结晶器三维流场和温度场的数值模拟. 炼钢,1997(4): 25 - 29.

[89] 杨秉俭,苏俊义. 薄板坯连铸结晶器中钢液三维流动的数值模拟. 应用力学学报, 2000(1): 18 - 22.

[90] 包燕平,田乃媛,徐宝美. 薄板坯连铸机新型浸入式水口. 北京科技大学学报,2002, 24(3): 262 - 265.

[91] J. Nagai, K. Kojima and S. Kollbery. Steel flow control in a high-speed continuous slab caster using an electromagnetic brake. Iron Steel Eng., 1984, 61 (5): 41.

[92] A. Idogawa, M. Sugizawa, S. Takeuchi, K. Sorimachi and T. Fujii. Control of molten steel flow in continuous casting mold by two staticmagnetic fields imposed on whole width. Mat. Sci. Eng., 1993, 173A: 293.

[93] A. Lehman, G. Tallback, S. Kollbery and H. Hackl, Proc. Int. Symp. on Electromagnetic Processing of Material. ISIJ, Tokyo, 1994: 372.

[94] K. H. Moon, H. K. Shin, B. J. Kim, J. Y. Chang, Y. S. Hwang and J. K. Yoon. Flow control of molten steel by electromagnetic brake in the continuous casting mold. ISIJ Int., 1996, 36 (S): 201.

[95] Helmut Hackl, Sten Kollberg and Gŏte Tallbäck. Second generation EMBr boosts slab casting speed and quality. Steel Times Int., 1994(9): 15.

[96] 于超. 连铸中用电磁制动(EMBr)来改善板带轧材的质量. 冶金译丛, 1997(1): 20.

[97] T. Toh and E. Takeuchi. State of the art and prospect of the research on flow control in continuous casting. CAMP - ISIJ, 2000(13): 176.

[98] K. Takatani. State of the art and prospect of the research on electro-magnetic processing in continuous casting. CAMP - ISIJ, 2000(13): 949.

[99] M. Morishita, H. Mori, M. Kokita, T. Nakaoka, Y. Hosokawa and T. Miyake. Control of molten steel flow in a continuous casting machine by imposing static magnetic field parallel to the slab width direction. CAMP - ISIJ, 2001(14): 868.

[100] KOLLBERG(S). The electro-magnetic brake(EMBr) for slab continuous casting machines[A]. Proc. 4th Int. Iron and Steel congress[C], London, The Met. Soc., 1982: 287.

[101] 李宝宽,赫冀成,贾光霖,等.薄板坯连铸结晶器内钢液流场电磁制动的模拟研究.金属学报,1997(11): 1207-1214.

[102] 吕伟,程云阶,贾光霖.薄板坯连铸结晶器电磁制动的数值模拟.沈阳航空工业学院学报,1998,15(4): 15-22.

[103] 吕伟,张大千,刘成,等.薄板坯连铸结晶器电磁制动的热模拟实验.沈阳航空工业学院学报,2002,19(4): 9-11.

[104] Wolf M. The Free-Meniscus Problem. Steelmaking Conf. Proc., 1992: 121.

[105] 张兴中,干勇.薄板坯连铸连轧技术推动传统连铸高速化.钢铁,2001(1): 26.

[106] 李宝宽,赫冀成,贾光霖,等.薄板坯连铸结晶器内钢液流场电磁制动的模拟研究.金属学报,1997(11): 1207.

[107] A. Kubota, N. Aramaki, R. Nishimachi, M. Suzuki, N. Kubo and T. Ishii. Technology of steel flow control in a mold of high-speed slab caster and its subject. CAMP-ISIJ, 2001, 14: 10.

[108] K. Kobayashi, K. Tozawa, K. Miyazawa, K. Ayata, N. Bessyo and T. Toh. Outline of national project on application of electromagnetic force to continuous casting of steel. CAMP-ISIJ, 2001, 14: 889.

[109] D. Leennov and A. Kolin. Theory of electromagnetophoresis, I. magnetohydrodynamic force experienced by spherical and symmetrically oriented cylindrical particles. J. Chem. Phys., 1954, 22: 683.

[110] S. Taniguchi, A. Kikuchi, T. Ise and N. Shoji. Model experiment on the coagulation of in clusion particles in liquid steel. ISIJ Int., 1996, 36 (S): 117.

[111] Y. Miki and B. G. Thomas. Modeling of inclusion removal in a tundish. Metall Mater. Trans. B. 1999, 30B (4): 639.
[112] P. Gardin, J. F. Domgin, M. Anderhuber, J. M. Galpin, and J. Y. Lamant. The 3rd Int. Symp. on Electromagnetic Processing of Material. ISIJ, Tokyo, 2000: 422 - 427.
[113] M. J. Cho, S. J. Kim, I. C. Kim, J. K. Kim, D. W. Cha and J. H. Park. The 3rd Int. Symp. on Electromagnetic Processing of Material. ISIJ, Tokyo, 2000: 176.
[114] K. Takahashi and S. Taniguchi. Electromagnetic separation of nonmetallic inclusion from liquid metal by imposition of high frequency magnetic field. ISIJ Int., 2003, 43: 820 - 827.
[115] Lei Hong, Zhu Miao-yong, He Ji-cheng. Optimum Position of Electromagnetic Brake on Slab Caster. J. Iron & Steel Res., Int, 2003, 10(5): 26.
[116] T. Inoue, S. Torizuka, K. Nagai and T. Ohashi. Effect of plastic strain on grain size of ferrite transformed from deformed austenite in Si-Mn steel. Math. Mod. Met. Proc. & Manuf., COM 2000, Ottawa, Ontario, Edited by P. Martin, S. MacEwen, Y. Verreman, W. Liu and J. Goldak, 2000: 1 - 13.
[117] Enomoto, M.: H. Guo, Y. Tazuke, Y. R. Abe and M. Shimotomai. Influence of magnetic field on the kinetics of proeutectoid Ferrite Transformation in Iron Alloys. Metall. Mater. Trans. A, 2001, 32 A: 445 - 453.
[118] Lusnikov, L. L. Miller, R. W. McCallum, S. Mitra, W. C. Lee a D. C. Johnston. Mechanical and high-temperature (920 degrees C) magnetic field grain alignment of polycrystalline (Ho, Y)Ba/sub 2/Cu/sub 3/O/sub 7 - delta. J. Appl. Phs., 1989, 65: 3136.
[119] P. Gillon. Uses of intense d. c. magnetic fields in materials

processing Mater. Sci. Eng. A, 2000, 287: 146.
[120] S. Shimotomai and K. Maruta. Aligned two-phase structures in Fe－C alloys. Scr. Mat., 2000, 42: 499.
[121] A. Munitz and R. Abbaschian. Two-melt separation in supercooled Cu-Co alloys solidifying in a drop tube. J. Mat. Sci., 1991, 26: 6458.
[122] A. Munitz, S. P. Elder-Randall and R. Abbaschian. Supercooling effects in Cu－10 wt pct Co alloys solidified at different cooling rates. Metall. Trans. A, 1992, 23A: 1817.
[123] A. Munitz and R. Abbaschian. Liquid separation in Cu-Co and Cu-Co-Fe alloys solidified at high cooling rates. J. Mat. Sci., 1998, 33: 3639.
[124] H. Yasuda, Y. Yamamoto, I. Ohnaka and K. Kishio. Shape anisotropy evolution of Co grains in Cu－30at% Co alloy by annealing under magnetic field. ISIJ Int., 2003, 43: 869－876.
[125] T. Sugiyama, M. Tahashi, K. Sassa and S. Asai. The control of crystal orientation in non-magnetic metals by imposition of a high magnetic field. ISIJ Int., 2003, 43(6): 855－861.
[126] Y. H. Ho yeong, Ho Weng, Sing Hwang and W. S. Hwang. The analysis of molten steel flow in billet continuous casting mold. ISIJ Int., 1996, 36(8): 1030－1035.
[127] B. G. Thomas and X. Huang. Effect of argon gas on fluid flow in a continuous slab casting mold. 76th Steelmaking Conf. Proc., 1993: 273－289.
[128] B. G. Thomas and A. Denissv, and Hua Bai. Behavior of argon bubbles during continuous casting of steel. 80th Steelmaking Conf. Proc., 1997: 375－384.

在学期间研究成果

1. 发表论文

[1] 刘光穆,郑柏平,焦国华. 薄板坯与厚板坯生产电工钢的比较与分析. 钢铁,2004,39(10):28—31.(EI源刊).

[2] 刘光穆,郑柏平,陈建新,等. 薄板坯连铸连轧工艺技术与产品质量. 中南工业大学学报:自然科学版,2004,35(5):763—768.(EI源刊).

[3] 刘光穆,刘继申,谌晓文,等. 电工钢的生产开发现状和发展趋势. 特殊钢,2005, 26(1):38—41.(EI源刊).

[4] 刘光穆,温德智,聂雨青. SPA-H耐候板窄带的开发. 炼钢,2005, 21(1):32—34.

[5] 刘光穆,邓康,任忠鸣,等. CSP薄板坯连铸用钢液全程控氮实践. 钢铁研究, 2005(2):35—37.

[6] 刘光穆,陈建新. 国内CSP产品质量与控制. 冶金标准化与质量,2003(6):23—28.

[7] 柴海涛,刘光穆,周春泉. 华菱涟钢先进的CSP生产线. 2003中国钢铁年会论文集(第4卷),北京:冶金工业出版社,2003:138—142.

2. 专利情况

- 条形材电动抓具,专利号:ZL2003 2 0114387.0。排名第一。
- 条形材液压传动抓具,专利号:ZL2003 2 0114388.5。排名第一。

3. 其他成果

- YB/T2010-2003《铁路轨距挡板钢用热轧型钢》,国家黑色冶金行

业标准，2003 年 3 月被原国家经贸委发布。第一起草人。

- R_3 系列泊链用钢的研制与开发，湖南省娄底市科技进步二等奖，排名第四。
- CSP 产品表面质量研究，湖南省科学技术成果鉴定(湘科鉴字[2004]-117)，排名第三。
- 《SPA-H 耐候钢带的开发》，中南六省(区)第四届炼钢、连铸学术年会优秀论文二等奖。
- 《钢包调渣剂在钢包精炼工艺中的应用》，中南六省(区)第四届炼钢、连铸学术年会优秀论文二等奖。